Ihr Hobby
Britisch Kurzhaar Katzen

Dominik Kieselbach

bede bei Ulmer

Inhaltsverzeichnis

Wir bedanken uns bei folgenden Personen, die uns mit Bildmaterial unterstützt haben:
Dr. Walter Held, Anita Betz, „Blue Househeroes", 97080 Würzburg – Isabelle Francais – Angelika Hartz, 86156 Augsburg – Roland Hundsdörfer, „Briten vom Salamandertal", 95466 Weidenberg – Dr. Helga Schaarschmidt, „vom Inhäuser Moos", 85716 Lohhof – Kerstin von Sternstein, „vom Wernerwald", 82393 Iffeldorf

Bibliografische Information der Deutschen Nationalbibliothek
Die Deutsche Nationalbibliothek verzeichnet diese Publikation in der Deutschen Nationalbibliografie; detaillierte bibliografische Daten sind im Internet über http://dnb.d-nb.de abrufbar.

© 2003, 2010 Eugen Ulmer KG
Wollgrasweg 41, 70599 Stuttgart (Hohenheim)
E-Mail: info@ulmer.de
Internet: www.ulmer.de
Titelfoto: Juniors Bildarchiv
Umschlagentwurf: Sojus Design, Kai Twelbeck, Stuttgart
Fachliche Durchsicht: Anita Betz
Druck und Bindung: Westermann Druck, Zwickau
Printed in Germany

ISBN 978-3-8001-6974-0

Die Schönheit der Katzen fasziniert uns Menschen seit Jahrtausenden. Domestizierte Katzen, die göttergleich verehrt wurden, gab es bereits im alten Ägypten. Wann und auf welchem Weg genau die Katzen nach Europa kamen, kann heute leider nicht mehr mit letzter Sicherheit gesagt werde. Doch dürften die ersten Katzen schon in den ersten Jahrhunderten nach Christus den europäischen Kontinent betreten haben. Diese ersten Katzen waren wahrscheinlich kurzhaarig wie ihre noch wilden Vorfahren. Langhaar-Katzen kamen vermutlich erst im 15. oder 16. Jahrhundert aus dem persischen Raum zu uns.

Erst am Ende des 19. Jahrhunderts begann in Europa die planmäßige Rassekatzen-Zucht. Seitdem sind viele neue Rassen entstanden. Eine der ursprünglichsten Rassen ist dabei die Britisch Kurzhaar. Vereinfacht kann man sagen, dass die Britisch Kurzhaar die veredelte Form der ursprünglichen Hauskatze ist. Lediglich einige Perser wurden zur Verfeinerung des Fells eingekreuzt. Ansonsten spiegelt die Britisch Kurzhaar den klassischen Kurzhaar-Katzentypus wider.

Die Britisch Kurzhaar ist nicht nur in ihrer Heimat England sehr beliebt. Ihr ruhiges, ausgeglichenes Wesen hat ihr Freunde in aller Welt gebracht. Auch in Ländern wie Amerika oder auf dem europäischen Festland konnten sie sich einen festen Platz bei den Katzenliebhabern erkämpfen, obwohl es hier mit der American Shorthair und der Europäisch Kurzhaar nicht zu unterschätzende Konkurrenten um die Gunst der Katzenhalter gibt.

Die Britisch Kurzhaar ist eine sehr sanfte Katze, die viele Freunde weltweit gefunden hat. Heute wird die Rasse in den verschiedensten Farben und Zeichnungen gezüchtet.
Foto: Kerstin von Sternstein

Geschichte der Rasse

Die Domestikation der Katze

Niemand kann mit Sicherheit sagen, wann und wo die ersten wilden Katzen ihren Weg zum Menschen gefunden haben. Doch es gibt einige Theorien, wie die Domestikation stattgefunden hat, und verschiedene Anhaltspunkte dafür, wo die Katze domestiziert wurde.

Vermutlich hat der Mensch die ersten Katzen nicht bewusst zu sich geholt. Wahrscheinlicher ist es, dass die Katze selbst die Nähe zu menschlichen Siedlungen suchte. Dies vor allem zu den Zeiten, in denen der Mensch sesshaft wurde und Ackerbau betrieb, denn die Kornkammern lockten Mäuse und andere Kleinnager in Scharen an – perfekte Bedingungen für die geschickten Jäger. Der Mensch bemerkte die Fähigkeiten der Katzen und den daraus für ihn resultierenden Nutzen sicher schnell. Er duldete die Katzen nicht nur, er war ihnen in den meisten Fällen bestimmt auch freundlich gesonnen. Dennoch waren dies Zeiten, in denen Mensch und Katze noch nicht unter einem Dach lebten – sie lebten nebeneinander her und nicht miteinander. Doch dies schien nunmehr nur eine Frage der Zeit zu sein.

> **Domestikation**
> Die Domestikation der Wildkatze fand nicht von heute auf morgen statt. Vermutlich hat es sogar viele Jahrzehnte gedauert, bis die ersten Nachkommen der Katzen, die in den Siedlungen jagten, in menschlicher Obhut aufwuchsen.

Evolutionsbiologisch könnte man vermuten, dass die Katzen mit der geringsten Scheue vor dem Menschen die größte Beute in seinen Siedlungen machten. Dies wiederum führte dazu, dass sie gesünder und kräftiger waren und sich somit auch häufiger fortpflanzten. So wurden in der Nähe von menschlichen Siedlungen verstärkt Katzen geboren, denen die natürliche Scheu vor dem Menschen immer mehr fehlte.

Verhaltensbiologisch gesehen könnten auch Katzen, die positive Erfahrungen in der Nähe des Menschen gesammelt haben, diese an ihre Welpen weitergegeben haben, indem sie mit ihnen von Beginn an häufiger menschliche Siedlungen zur Jagd aufsuchten.

Die Britisch Kurzhaar ist die züchterische Veredlung der Hauskatze.
Foto: Kerstin v. Sternstein

Was ist eine Rassekatze?

Eine Katze, auch wenn sie noch so sehr wie eine Siam, Perser oder Ragdoll aussieht, ist erst dann eine Rassekatze, wenn ihre Abstammungspapiere ihre reinrassige Herkunft belegen. Diese Abstammungspapiere darf prinzipiell jeder ausstellen, achten Sie deshalb sehr auf die Seriösität des Vereins. Bei vielen Vereinen heißen Rassekatzen übrigens Edelkatzen.

Die Einteilung der Rassekatzen

Es gibt leider nicht die eine, weltweit anerkannte Einteilung der Rassekatzen. Das liegt vor allem daran, dass es weltweit und sogar innerhalb Deutschlands verschiedene Verbände gibt, deren Einteilungen sich alle zumindest leicht unterscheiden. Einer der größten europäischen Verbände ist die FIFé, die *Fédération Internationale Féline*. Sie fasst sinnvollerweise nahe vewandte und ähnliche Rassen in folgenden Gruppen zusammen:

- **Langhaar**
- **Semilanghaar**
- **Kurzhaar**
- **Siamesen und Orientalisch Kurzhaar**
- **Hauskatzen**

Eine andere Entwicklung erscheint allerdings am wahrscheinlichsten: Es blieb nicht aus, dass erste Welpen in menschlicher Obhut geworfen und aufgezogen wurden. Manche Kätzchen, deren Mütter die Geburt nicht überlebten, wurden sogar von Menschenhand großgezogen. Diese Katzen waren von Geburt an an den Menschen gewöhnt.

Eine planmäßige Rassezucht gibt es in Europa erst seit dem Ende des 19. Jahrhunderts. Foto: I. Francais

Einige von ihnen verließen wahrscheinlich auch als erwachsene Katzen den Menschen nicht mehr. So wurde die Beziehung Mensch-Katze immer enger. Wir haben also eine relativ genaue Vorstellung davon, wie die Domestikation der Katze vonstatten gegangen ist. Wo sich das geschilderte Zusammenwachsen allerdings abspielte, kann bislang nicht abschließend beantwortet werden. Es ist sogar noch strittig, welche Wildkatzenart der Stammvater unserer Haus- und Rassekatzen ist. Wahrscheinlich ist die Afrikanische Wildkatze, *Felis lybica*, die Ahnin der modernen Katzen. Die nahe verwandten Arten, die Europäische Wildkatze, *Felis silvestris*, und die Dschungelkatze, *Felis chaus*, gehören allerdings auch zu den wahrscheinlichen Vorfahren.

Diese drei Arten sind sehr eng miteinander verwandt und untereinander fortpflanzungsfähig. Manche Wissenschaftler sehen in ihnen sogar nur Unterarten.

Den Ursprung der Hauskatzen vermuten die meisten Wissenschaftler in Ägypten. Nicht zuletzt, weil hier auch die größte Verehrung dieser Tiere stattfand. Auch wenn man davon ausgeht, dass die Katze nicht in Ägypten domestiziert wurde, sondern bereits zahme Exemplare auf verschiedenen Handelswegen aus dem Orient in das Land kamen, so ging zumindest die Verbreitung sehr wahrscheinlich von Ägypten aus.

Nach Europa kamen die Katzen über Griechenland und Italien. Wann dies der Fall war, kann man kaum rekonstruieren. Sicher scheint jedoch, dass die ersten Katzen schon weit vor der ersten Jahrtausendwende ihren Weg zu uns fanden.

Britisch Kurzhaar blau, Kartäuser und Chartreux

Noch heute gibt es zwischen den drei Namen ein reges Durcheinander, da die Klarheit, die seit 1991 innerhalb der FIFé herrscht, leider noch nicht überall gegeben ist. Chartreux und Kartäuser beschreiben ganz eindeutig nur noch die französische Rasse Chartreux. Eine blaue Britisch Kurzhaar trägt heute innerhalb der FIFé im Stammbaum nicht mehr den Zusatz Kartäuser! Dennoch gibt es immer noch Verbände und Züchter, die blaue Briten als Kartäuser registrieren, anbieten und verkaufen. Achten Sie im Zweifelsfall auf den Stammbaum Ihrer Katze. Eine echte Kartäuser oder Chartreux darf keine Britisch Kurzhaar im Stammbaum aufweisen! Umgekehrt gilt dies natürlich ebenso.

Chartreux
Foto: I. Francais

Die Geschichte der Britisch Kurzhaar

Die Britisch Kurzhaar ist eine züchterische Veredlung der Hauskatze. Auf die Suche nach ihren Ursprüngen zu gehen bedeutet, die Ursprünge der domestizierten Katzen in Europa selbst finden zu wollen. Da dies der Inhalt des vorangegangenen Abschnitts ist, soll nun die Rasseentwicklung dieser kurzhaarigen Katze im Mittelpunkt stehen.

Die Rassekatzen-Zucht begann in Europa gegen Ende des 19. Jahrhunderts. Als Startschuss für die breitere Zucht von Katzen wird allgemein die erste große Katzenausstellung in Europa gesehen, die 1871 im Londoner Crystal Palace stattfand. Nach einem kurzzeitigen Hoch für alle Katzen standen aber die vermeintlich normalen Hauskatzen schnell im Schatten exotischerer Rassen, vor allem in dem der Perser und Siamesen. So gerieten die Kurzhaar-Katzen Europas schnell in Vergessenheit und nur wenige Züchter kümmerten sich um diese für den da-maligen Geschmack all zu „normalen" Katzen. Das Interesse schien auf Dauer verloren und bis zur Mitte des 20. Jahrhunderts können kaum nennenswerte Entwicklungen in der Zucht von Kurzhaar-Katzen in Europa gemeldet werden. Doch gab es vereinzelt Züchter, sowohl auf dem europäischen Festland als auch auf den Britischen Inseln, die sich der Zucht von kurzhaarigen Katzen widmeten. Zu jener Zeit unterschied man noch nicht zwischen Britisch und Europäisch Kurzhaar.

Haartypen

Das Fell der Katze besteht ursprünglich aus drei Haartypen: Dem Leithaar, es bildet alleine das sogenannte Deckhaar, dem Grannen- und dem Unterhaar, welche zusammen auch als Unterwolle bezeichnet werden. Die Sinneshaare, beispielsweise die Schnurhaare, sind vom Ursprung her Leithaare.

Auch unsere Rassekatzen haben ihre ursprünglichen Jagdinstinkte noch nicht völlig verloren.
Foto: A. Hartz

Schein und Sein

Man unterscheidet – nicht nur in der Zucht – zwischen dem Phänotyp, also der äußeren Erscheinung, und dem Genotyp, dem genetischen Material, eines Lebewesens. Ziel der Reinzucht ist es, neben einem klaren Erscheinungsbild einer Rasse auch den Genotyp zu festigen. Dies gelingt bei rezessiven Genen besonders gut, da diese nur dann ausgeprägt sind, wenn sie reinerbig vorliegen.

Kurzhaarkatzen

Die Ahnen unserer Hauskatze hatten allesamt ein kurzes Fell. Es bietet Schmutz kaum Halt und kann von der Katze selbst gut sauber gehalten werden. Das lange Haar mancher Rassen ist das Produkt von Mutationen und gezielter Weiterzucht. Die Kurzhaarigkeit wird dominant vererbt. Tragen zwei kurzhaarige Eltern ein rezessives Gen für Langhaarigkeit in sich, können in dem Wurf auch langhaarige Welpen fallen.

Der Zweite Weltkrieg hinterließ seine tragischen Spuren auch in der Katzenzucht. Viele Züchter konnten aus purer Not ihre Katzen während der Kriegsjahre und danach nicht mehr halten. Die Zahl aller Katzen, vor allem die der unpopulären Rassen, ging dramatisch zurück. Um die Zuchtbasis der europäischen Kurzhaar-Katzen zu verbreitern, wurden verschiedene Rassekatzen in die Linien eingekreuzt. Sicher wollte man sich so auch einem persönlichen Schönheits-ideal näher. So wurden vor allem von britischen Züchtern vermehrt Perser in die Linien der Kurzhaar-Katzen eingekreuzt. Doch die Vermischung verschiedener Rassen zog noch weitere Kreise und hinterließ bis heute ihre Spuren. So dienten nicht nur Perser dazu, die Kurzhaar-Katzen in anderen Farben und veränderter Fellstruktur zu züchten. Anders herum wurden blaue Kurzhaar-Katzen in die durch den Krieg ebenfalls stark ausgedünnten Linien reiner Chartreux und auch in die der Russisch Blau eingekreuzt.

Besonders fatal war diese Praxis bei der Chartreux. Diese näherte sich in ihrem Typ stark der Britisch Kurzhaar an. Die Durchmischung der beiden Rassen ging so weit, dass die FIFé die Chartreux und die Britisch Kurzhaar 1970 zusammenfasste. Erst 1977 wurden diese beiden wirkich verschiedenen Rassen wieder getrennt gerichtet. Noch heute sorgt die in manchen Verbänden gebräuchliche Bezeichnung Kartäuser für die blauen Britisch Kurzhaar für reichlich Verwirrung. Kartäuser ist schließlich die deutsche Übersetzung für Chartreux, so dass man eigentlich annehmen sollte, dass eine solche Katze auch eine reinrassige Chartreux ist. Leider ist dies aber nicht immer der Fall. Als Interessent müssen Sie deshalb immer nachfragen, ob diese als Kartäuse bezeichnete Katze nun eine reinrassige Chartreux ist, dann darf im Stammbaum keine Britisch Kurzhaar auftauchen, oder ob es sich um die blaue Variante der Britisch Kurzhaar handelt. Doch zurück zu den europäischen Kurzhaar-Katzen nach dem Zweiten Weltkrieg. Im Gegensatz zu den englischen Züchtern waren die Züchter auf dem europäischen Kontinent, allen voran jene aus den skandinavischen Ländern, weiterhin bemüht, den eigentlichen Hauskatzen-Charakter ihrer Kurzhaar-Katzen zu erhalten und züchteten möglichst ohne Einkreuzung anderer Rassen weiter. Folgerichtig entwickelten sich die britischen Zuchtlinien, in die vor allem Perser eingekreuzt wurden, und die kontinental-europäischen, die soweit möglich nur auf vorhandenen Hauskatzen beruhten, recht stark auseinander. Besonders die Skandinavier bemühten sich deshalb um eine Unterteilung der europäischen Kurzhaar-Katzen in zwei getrennte Rassen: die Britisch Kurzhaar und die Europäisch Kurzhaar. Innerhalb der FIFé wurde diese Trennung 1982 vollzogen. Andere Verbände trennen die beiden Rassen bis heute nicht voneinander.

Britisch und Europäisch Kurzhaar sind eng miteinander verwandt. Man kann jedoch vor allem am runderen Gesicht und dem ruhigeren Wesen der Britisch Kurzhaar eindeutig die Einkreuzung der Perser erkennen. Die Europäisch Kurzhaar wurde nicht mit anderen Rassen gekreuzt. Foto: A. Hartz

Europäisch Kurzhaar

Geschichte

Ähnlich wie die Britisch Kurzhaar ist auch die Europäisch Kurzhaar die züchterisch veredelte Form der normalen, kurzhaarigen Hauskatze. Im Gegensatz zur Britisch Kurzhaar, in deren Zuchtlinien sich vor allem auch Perser finden, wurde die Reinzucht der Europäisch Kurzhaar sozusagen Rasse-intern betrieben. Die Rasse Europäisch Kurzhaar ist das Produkt einer Reinzucht von kurzhaarigen, großen bis mittelgroßen Katzen des Hauskatzentyps. Es wurden keine anderen Rassekatzen eingekreuzt, um beispielsweise die Fellstruktur zu verändern oder andere Farbe oder Zeichnungsvarianten zu schaffen. Besonders engagiert kümmerten sich die skandinavischen Länder, allen voran die Finnen, um diese Rasse. Vor allem auf ihr Bestreben hin kam es 1982 zur Trennung der Britisch und Europäisch Kurzhaar in der FIFé.

Aussehen

In ihrem Aussehen und ihrer Erscheinung entspricht die Europäisch Kurzhaar voll und ganz dem einer normalen kurzhaarigen Hauskatze. Die einzige züchterische Regel ist deshalb auch, dass die Katze in ihrem Typ erhalten werden soll und Einkreuzungen anderer Rassen strikt verboten sind. Die Farben der Europäisch Kurzhaar sind vielfältig und es werden immer neue anerkannt. In Ihrer Erscheinung ist sie schlanker als die Britisch Kurzhaar. Ihre Köpfe sind nicht ganz so rund wie die der Briten und ihrem Fell merkt man auch den fehlenden Einfluss der Perser an, es ist nicht ganz so seidig, sondern von einer robusteren Textur.

Wesen

Man merkt der Europäisch Kurzhaar ihre nahe Verwandtschaft zu den recht unabhängig lebenden Hauskatzen auch heute noch an. Sie sind sehr lebendig und verspielt, schmusen gerne mit ihrem Menschen, lassen sich aber nicht zu Streicheleinheiten zwingen, sondern suchen sich diese Zeiten selbst aus. Sie bleiben sehr agil bis ins Alter und verlieren ihre angeborene Jagdleidenschaft meist nicht. Sie können sehr gut in der Wohnung gehalten werden, neigen aber dazu, auf eigene Entdeckungsreise auch außerhalb dieser vier Wände zu gehen.

Foto: bede

Russisch Blau

Geschichte

Die ersten Russisch Blau kamen wahrscheinlich schon im achten Jahrhundert zur Zeit der Wikinger nach Europa, zumindest wurden ihre Felle als Teile der Kleidung dieser Krieger verwendet. Sicher gelangten einige dieser Katzen 1860 aus dem russischen Hafen Archangelsk nach England. 1880 nahmen dann die ersten an einer Ausstellung teil, fanden aber keine weitere Beachtung. Erst als 1901 Königin Viktoria und ihrem Sohn Edward VII. zwei Katzen vom Russischen Zaren geschenkt wurden, weckte die Rasse ein größeres Interesse, obwohl die Zucht durch Mrs. Carew-Cox, einer englischen Züchterin, schon seit 1890 betrieben wurde. Im Lauf der Zeit hatte die Russisch Blau viele Namen. Sie hieß zeitweise Spanische Blaue oder auch Malteser- oder Archangelsk-Katze. Ihren heute gebräuchlichen Namen Russisch Blau erhielt sie erst 1940.

Aussehen

Die Russisch Blau ist in ihrem Aussehen eine unverwechselbare Katze. Diese mittelgroße, schlanke Katze zeichnet sich nicht nur durch ihre graziele Gesamterscheinung aus. Es sind besonders ihre grünen Augen, die ihr zusammen mit dem hellgrauen Fell, das einen charakteristischen Silberschimmer zeigen muss, eine gewisse Unnahbarkeit verleihen. Schon allein dies unterscheidet sie deutlich von der Chartreux und der Britisch Kurzhaar. Wer dann noch in den Genuss kommt und dieser Katze einmal durch das Fell streicheln darf, wird von dessen Sanftheit und Dichte beeindruckt sein. So fühlt sich nur eine echte Russisch Blau an! Diese einzigartige Fellbeschaffenheit rührt daher, dass das Deckhaar und die bei der Russisch Blau vorhandene Unterwolle die gleiche Länge besitzen. Auch durch die spitzen, verhältnismäßig großen Ohren und den keilförmigen, spitzen Kopf unterscheidet sich diese Rasse von ihren kurzhaarigen Verwandten.

Foto: I. Francais

Wesen

Die Russisch Blau ist eine unaufdringliche Katze. Sie hält sich dezent im Hintergrund und kann unbesorgt mit „ruhig" beschrieben werden. Sie ist aber nicht etwa scheu, auch wenn sie nicht gleich jedermanns Feund wird. Ihren Menschen liebt und respektiert sie, wenn dies auf Gegenseitigkeit beruht.

Chartreux (die echte Kartäuser)

Geschichte

Es gibt verschiedene Legenden, die sich um den Ursprung, die Ahnen und den Namen dieser Rasse ranken. Heute erscheint es als relativ gesichert, dass diese Rasse ihren Ursprung weder in einem alten französischen Kloster hat, noch dass sich der Name von einem solchen ableitet, in dessen Nähe eine größere Zahl dieser auffälligen Katzen lebte. Die Ahnen der Chartreux kamen schon im 16. Jahrhundert über Zypern nach Frankreich. Sie waren zu dieser Zeit sowohl als Mäusevernichter als auch wegen ihres weichen Fells sehr beliebt, das von Kürschnern weiterverarbeitet wurde. Daher kommt wahrscheinlich auch ihr Name, denn es gab eine sehr weiche Wolle, die *pile de Chartreux* hieß. Vermutlich wurde das weiche Fell der Katzen mit dieser Wolle verglichen. Später wurde sie zum Synonym für diesen Katzenschlag. Auch wenn es die Katze schon lange in Frankreich gab, begannen die Schwestern Leger erst in den 1930er Jahren mit ihrer Reinzucht. Der Zweite Weltkrieg brachte einen herben Rückschlag. Die Zuchtbasis der Chartreux wurde so schmal, dass man blaue Britisch Kurzhaar einkreuzte. Dadurch glich sich die Chartreux in ihrem Typ so stark an die Britisch Kurzhaar an, dass die FIFé sie 1970 zu einer Rasse zusammenfasste. Dies geschah natürlich sehr zum Unmut der Franzosen, die ihre zahlenmäßig deutlich unterlegene Chartreux in der übermächtigen Britisch Kurzhaar aufgehen sahen. Die Proteste führten 1977 zum Erfolg und die Rassen wurden wieder nach getrennten Standards bewertet. Seit 1991 ist innerhalb der FIFé auch der gebräuchliche aber verwirrende Zusatz Kartäuser bei den blauen Briten gestrichen.

Aussehen

Die Chartreux ist eine elegante, schlanke Katze von grazilem Körperbau, der dem einer Hauskatze entspricht. Ihr Fell ist einfarbig blaugrau, die Augen einzig und allein goldgelb bis kupferfarben. Der Laie mag sie mit der Britisch Kurzhaar verwechseln können, doch ihre lebendigeren Augen, der schlanke Körperbau und die dreieckige Kopfform grenzen sie eindeutig von der wesentlich massiveren Britisch Kurzhaar ab.

Wesen

Die Chartreux ist eine eigenständige, unabhängige Katze geblieben. Sie liebt ihren Halter, wenn er sie versteht und respektiert. Aber sie lässt sich nicht beherrschen und entscheidet selbst, ob sie die

Foto: I. Francais

Nähe zum Menschen gerade wünscht oder auch nicht. Sie ist keine klassische Schmusekatze, denn es kann durchaus vorkommen, dass sie das Schmusebedürfnis ihres Menschen nicht teilt. Wer aber mit ihren Bedürfnissen umzugehen versteht, findet in der Chartreux eine ideale Mitbewohnerin.

Jede Katze ist ein Individuum und es wäre verkehrt, alle Britisch Kurzhaar über einen Kamm zu scheren. Aber Rassekatzen unterscheiden sich nicht nur durch äußerliche Merkmale, sondern zeigen auch ganz typische Verhaltensweisen und Wesenszüge. Diese können bei der einen Katze stärker und bei der anderen schwächer ausgeprägt sein, doch sind sie in der Regel vorhanden und somit für die Rasse als typisch anzusehen.

Der Charakter der Britisch Kurzhaar

Die Britisch Kurzhaar lässt in ihrem Charakter ihre Verwandtschaft zur Perser deutlich erkennen. Sie ist wesentlich verschmuster als beispielsweise die Europäisch Kurzhaar. Auch ist ihr Jagdinstinkt weniger ausgeprägt. Sie ist so gesehen sicher die „domestizierteste" der hier angesprochenen Rassen Britisch und Europäisch Kurzhaar, Chartreux und Russisch Blau. Sie sind seit langem an das Leben in einer Wohnung gewöhnt und Einkreuzungen wilder Straßenkatzen, wie es bei Europäisch Kurzhaar zur Blutauffrischung der Fall ist, gehören schon lange der Vergangenheit an.

Insgesamt scheinen die kurzhaarigen Briten in ihrem Temperament den langhaarigen Persern näher zu stehen als den anderen Kurzhaar-Rassen. Sie sind sehr geduldig mit Katzen und anderen Tieren und lassen sich gerne auf den Schoß nehmen und streicheln. Natürlich haben sie wie die meisten Katzen ihren eigenen Kopf, sind aber sehr an den Umgang mit dem Menschen gewöhnt. Sie sind die idealen Wohnungskatzen, die durch ihr ausgeglichenes Temperament zu überzeugen wissen. Das bedeutet aber nicht, dass sich hier und da ihre ursprüngliche Energie nicht einmal entladen muss.

Der Einfluss der Perser

Die Perser hat die Katzenzucht wie kaum eine andere Rasse beeinflusst. Ihre typische Kopfform und ihr langes Haar sind zwei der Gründe, warum sie immer wieder zur Veredelung bestehender Rassen oder der Schaffung neuer gedient hat. Am nächsten verwandt ist sie natürlich mit der Exotic Shorthair und der Colourpoint, aber auch die Britisch Kurzhaar kann bis heute nicht verbergen, dass einige Perser ihre Zuchtlinien durchkreuzten. Auch die Britisch Kurzhaar Colourpoint ist durch die Verpaarung mit Colourpoint-Persern entstanden.

Foto: I. Francais

Dann kann auch die so ruhige Britisch Kurzhaar explodieren und wild durch die Wohnung jagen. Doch diese Temperamentsausbrüche sind auch schnell wieder vergessen und sie legt sich wieder verschmust zu ihrem Menschen.
Als junge Katzen sind sie selbstverständlich verspielt wie alle Welpen und toben gern herum. Doch wird diese Katze in ihrem Wesen früher ruhig als andere. Wer eine kurzhaarige Katze sucht, die eine innere Ruhe besitzt, die wir sonst fast nur von der Perser kennen, die in ihrem Äußeren aber der typischen Hauskatze entspricht, findet in der Britisch Kurzhaar sicher seinen Partner.

Farbe und Wesen

Manche Halter wollen einen Zusammenhang zwischen der Farbe ihrer Katze und ihrem Wesem erkannt haben. Ob es diesen wirklich gibt, ist bis heute nicht geklärt.

Blau ist wohl die bekannteste Färbung der Britisch Kurzhaar.
Foto: I. Francais

Der FIFé-Standard der Britisch Kurzhaar

Größe Groß bis mittelgroß.

Kopfform Rund, breit, massiv mit breitem Schädel.

Nase Kurz, breit und gerade mit einer leichten Einbuchtung, jedoch kein Stop.

Kinn Kräftig.

Ohren Klein, Spitzen leicht rund, weit gestellte Platzierung.

Augen Groß, rund, weit geöffnet und weit auseinander gesetzt, kupferfarben oder dunkelorange, blau, odd-eyed, grün oder blaugrün.

Hals Kurz, sehr kräftig und gut entwickelt.

Körper Muskulös, gedrungen, breite Brust, Schultern und Rücken stark und kräftig.

Beine Kurz und stämmig, Pfoten rund und kräftig.

Schwanz Kurz und dick, leicht gerundet an der Spitze.

Fell Kurz und dicht, nicht flach anliegend, mit guter Unterwolle, feine Textur, Textur soll fester im Griff sein.

Farbe Jedes Haar bis zur Wurzel einheitlich in der Farbe (ausgenommen Tabby-und Silbervarietäten).

Punkteskala Britisch Kurzhaar

Kopf	30 Punkte
• allgemeine Form	
• Nase	
• Kiefer und Gebiß	
• Stirn	
• Kinn	
• Platzierung und Form der Ohren	
• Form, Größe u. Plazierung der Augen	

Augenfarbe	10 Punkte

Körper	20 Punkte
• Körperbau, Größe, Knochenbau	
• Höhe der Beine und Form der Pfoten	
• Schwanz und Länge	

Fell	35 Punkte
• Farbe	
• Zeichnung und Muster	
• Tipping, Flecken	
• Qualität, Textur und Länge	

Kondition	5 Punkte

Gesamt	100 Punkte

Eine Britisch-Kurzhaar-Katze wiegt circa vier bis sechs Kilogramm. Die Kater dieser Rasse erreichen nicht selten ein Gewicht von bis zu neun Kilogramm.

Die typischen Eigenschaften einer ...

Britisch Kurzhaar

Oft tauchen die Begriffe Bärchen und Puma auf, wenn Chartreux und blaue Briten verglichen werden. Das Bärchen ist natürlich der Brite und wer ein solches mit Katzenseele haben möchte, findet es hier.

Europäisch Kurzhaar

Wer eine schöne Hauskatze mit all ihren Überraschungen sucht, der findet sie in der Europäisch Kurzhaar. Denn genauso ungeregelt wie ihre Zucht ist, so unberechenbar ist auch ihr Charakter.

Chartreux

Die seltene Französin verkörpert Eleganz pur. Allerdings kann sie dementsprechend launisch sein. Nur wer Katzenverstand besitzt und seiner Katze auch ihre Ruhe lassen kann, sollte sich für diese Schönheit entscheiden.

Russisch Blau

Wer sich in diese Rasse verliebt, ist fasziniert von ihrer unnahbaren, geheimnisvollen, überlegenen Ausstrahlung. Er braucht eine Katze, die ihren Menschen liebt, aber dennoch ihr eigenes Leben führt – und dies in aller Ruhe.

Die Einkreuzung der Perser merkt man der Britisch Kurzhaar auch an ihrem ruhigen Wesen an.
Foto: Kerstin v. Sternstein

Die Katze kommt ins Haus

Grundsätzliche Überlegungen

Vor dem Kauf einer Katze fragen Sie sich, ob

- kein, Haushaltsmitglied eine Allergie gegen Katzenhaare hat.

- Ihr Vermieter die Haltung gestattet.

- Sie täglich die Zeit für Pflege, Spiel- und Streichelstunden haben.

- Sie das Geld für Zubehör, Futter und Tierarztbesuche aufbringen können und wollen.

Nur wenn Sie alle diese Fragen positiv beantworten können, sollten Sie eine Katze anschaffen.

Neben zusätzlichen Freuden bringt eine Katze auch immer zusätzliche Arbeit mit ins Haus. Diese Seite der Katzenhaltung müssen Sie vor der Anschaffung bedenken! Foto: Kerstin v. Sternstein

Überlegungen vor dem Kauf

So sehr Sie auch von dem Gedanken fasziniert sein mögen, mit einer Katze zusammenzuleben, es gibt einige Dinge, die Sie vor der Anschaffung unbedingt bedenken müssen.

Nicht wenige Menschen sind gegen Katzenhaare allergisch. Sollte auch nur ein Mitglied Ihres Haushaltes an solch einer Allergie leiden, müssen Sie von der Anschaffung unbedingt absehen. Eine Desensibilisierung, die bei Heuschnupfen und manch anderer Allergie helfen kann, hat hier kaum Erfolg. Der Allergiker ist den Haaren massiv und ständig ausgesetzt, was entweder sofort oder auf Dauer zu schweren Gesundheitsproblemen führen kann.

Wenn Sie zur Miete wohnen, sollten Sie Ihren Vermieter um eine schriftliche Einverständniserklärung bitten, in der Ihnen die Haltung gestattet wird. Rechtlich gesehen hat der Vermieter die Haltung einer Katze zu gestatten, auch wenn diese im Mietvertrag verboten ist. Die Katzenhaltung gehört heutzutage zum normalen Wohnkomfort, solange keine Belästigung anderer Mieter entsteht. Dies ist vor allem dann der Fall, wenn viele Katzen gehalten werden, die Katzen nicht kastriert wurden und laustark nach einem Partner rufen oder gar gezüchtet wird.

Katze oder Kater?

Wenn Sie mit Ihrer Katze nicht züchten, werden Sie sie kastrieren lassen. Die Unterschiede im Verhalten sind dann kaum mehr spürbar. In der Größe variieren männliche und weibliche Katzen leicht. Die Männchen sind meist etwas größer und massiver.

Die Grundausstattung

Zur Grundausstattung gehören:
- ein Wassernapf
- je ein Fressnapf für Feucht- und Trockenfutter
- eine Katzentoilette und Streu
- ein Kratzbaum und ein Körbchen
- eine stabile Transportbox
- Futter und Leckerbissen
- sanfte Reinigungsmittel
- ein Halsband mit Adressanhänger
- Kamm und Bürste für die Fellpflege
- katzensicheres Spielzeug

Foto: A. Betz

Kosten der Katzenhaltung

Die Anschaffungskosten einer Rassekatze und der ersten Grundausrüstung sind nicht niedrig. Rechnen Sie mit etwa 500 € für eine gute Katze und nochmals etwa 200 € für die Grundausstattung. An laufenden Kosten für Futter, Streu und Spielzeug fallen etwa 50 bis 80 € im Monat an. Hinzu kommen feste Tierarztkosten für die jährlichen Impfungen, die Grunduntersuchung und die etwa halbjährlichen Entwurmungen. Sollte Ihre Katze einmal erkranken, kann die Behandlung sehr kostspielig werden, vor allem dann, wenn eine Operation notwendig ist.

Der Zeitaufwand, den die Katzenhaltung mit sich bringt, ist ein weiterer Punkt, den es sorgfältig zu überdenken gilt. Ihre Katze möchte nicht nur täglich gefüttert werden, sie braucht Ihre Zuwendung, Streicheleinheiten, Spielstunden und muss gepflegt werden. Insgesamt müssen Sie hierfür mindestens drei Stunden täglich einrechnen.

Die finanziellen Aufwändungen sollten Sie ebenfalls nicht unterschätzen. Neben den einmaligen Anschaffungskosten entstehen Ihnen für Futter, Streu, Spielzeug und Tierarztbesuche regelmäßige Kosten. Auf das Jahr umgerechnet sind dies je nach Art des verwendeten Futters mindestens 50 bis über 100 € monatlich.

Woher bekomme ich meine Katze?

Sie haben sich aufgrund ihres Aussehens und Wesens für den Kauf einer Britisch Kurzhaar entschieden. Selbstredend erwarten Sie von Ihrer künftigen Mitbewohnerin genau diese rassetypischen Eigenschaften. Außerdem möchten Sie natürlich ein körperlich und geistig gesundes Tier erhalten. Dies ist nur dann gewährleistet, wenn Sie die Katze aus vertrauensvollen Händen erwerben.

Katzen brauchen den Kontakt zum Menschen – von Geburt an. Kein Zoogeschäft verkauft Ihnen darum eine Katze, denn der ständige Kontakt zum Menschen ist hier nicht möglich. Idealerweise erwerben Sie Ihre Rassekatze bei einem Züchter, der Mitglied in einem seriösen Klub ist und seine Katzen bei sich in der Wohnung großzieht.

Vom Züchter nach Hause

In aller Regel werden Sie Ihre Katze selbst beim Züchter abholen. Die Fahrt nach Hause kann für die kleine Katze recht anstrengend werden. Am besten haben Sie eine stabile Transportbox dabei, die Sie mit einer Decke bequem ausstaffiert haben. Vor und während der Fahrt solllte die Katze weder Fressen noch größere Mengen trinken dürfen – dies würde ihr nur unnötig Magen und Darm füllen.

Wollen Sie ausstellen oder züchten?

Rassekatzen müssen, soll mit ihnen gezüchtet werden oder sollen sie erfolgreich an Ausstellungen teilnehmen, dem Zuchtstandard entsprechen. Solche sogenannten Zuchtkatzen sind teuer. Günstiger sind Katzen, die kleine Schönheitsfehler aufweisen und vom Züchter als sogenannte Liebhaberkatzen verkauft werden. Solche Katzen sind nicht weniger liebenswert oder gar zweite Wahl – meist sind es nur geringe Farb- oder Zeichnungsfehler, die sie von der weiteren Zucht ausschließen.

Foto: I. Francais

Wichtige Unterlagen

Sie erhalten vom Züchter, wenn Sie das Kätzchen bei ihm abholen, den Impfpass, in dem alle Impfungen und Termine eingetragen sind, sowie den Abstammungsnachweis, in dem die Ahnen des Kätzchens eingetragen sind – dieser wird eventuell nachgereicht, da das Ausstellen manchmal etwas länger dauern kann. Auch wenn ein mündlich geschlossener Kaufvertrag gültig ist, sollte dieser aus Beweisgründen, gerade wenn Nebenabsprachen getroffen wurden, noch schriftlich aufgesetzt werden.

Auswahl des Züchters

Züchteradressen erhalten Sie von jedem Katzenverein. Es gibt einen angesehenen intenationalen Dachverband der Rassekatzen-Züchter, die FIFe (Fédération Internationale Féline). Der Deutsche Dachverband, der 1. DEKZV e.V. (1. Deutscher Edelkatzen Züchterverband e. V., wie Rassekatzen auch oft genannt werden), ist Mitglied dieser Organisation. Fragen Sie bei den Züchtern nach, ob Würfe geplant sind oder gerade Kätzchen zum Verkauf angeboten werden. Häufig wird das englische Wort Kitten (Kätzchen) für die jungen Katzen verwendet. Die Kitten-Vermittlung der Vereine weiß, welcher Züchter gerade einen Wurf hat oder plant.

Besuchen Sie unbedingt verschiedene Züchter und finden Sie heraus, welcher Ihnen mit seinen kitten am meisten zusagt. Ein seriöser Züchter züchtet nur mit rassereinen Katzen, die einen gesicherten Stammbaum vorweisen können. Seine Katzen sind gesund und zeigen einen guten Charakter. Er betreibt die Zucht aus Passion und als Hobby, denn man kann damit nicht das große Geld verdienen. Er wird sich sehr für das neue zu Hause seiner Kätzchen interessieren und Ihnen viele Fragen stellen. Manche Züchter lassen es sich auch nicht nehmen, den neuen Besitzern das Kätzchen nach Hause zu bringen. Nutzen Sie diese Chance, denn der erfahrene Blick des Züchters wird bestimmt noch die eine oder andere gefährliche Stelle in Ihrer Wohnung zu beseitigen helfen.

Solch ein Fenstergitter schützt Ihre Katze sicher vor lebensgefährlichen Stürzen und verhindert ihr Entkommen durch ein offenes Fenster. Foto: Plantex

Katzensicher?

Wenn eine Katze zu Ihnen ins Haus kommt, muss dies katzensicher gemacht werden. Achten Sie darauf, dass sich keine giftigen Pflanzen, Putzmittel oder auch Medikamente und Chemikalien in Reichweite der Katze befinden. Stellen Sie sicher, dass alle Einrichtungsgegenstände sicher stehen und nicht umkippen können, wenn die Katze hinaufspringt. Damit Ihre Katze nicht vom Balkon oder aus dem offenen Fenster springt, müssen diese mit einem Schutznetz gesichert sein.

Vorsicht Kippfenster

Kippfenster sind eine tödliche Falle. Wenn die Katze versucht, durch den engen Spalt ins Freie zu gelangen, kann sie ausrutschen und mit dem Kopf zwischen Fenster und Rahmen steckenbleiben. Im Handel gibt es spezielle Sicherungen, die dies sicher verhindern.

Foto: A. Betz

Eine zweite Katze

Es gibt keine Katze, die lieber alleine lebt. Am einfachsten ist es, wenn Sie gleich zu Beginn zwei Katzen aus einem Wurf erwerben, die sich sicher gut verstehen werden. Besitzen Sie bereits eine Katze, gelingt die Gewöhnung an eine junge Katze von maximal drei bis vier Monaten am problemlosesten.

Die jungen Katzen werden frühestens mit zwölf Wochen abgegeben, meist erst mit dem Vollenden der sechzehnten Lebenswoche. Bis dahin sorgen sich die Katzenmutter und der Züchter um die Kleinen. Wenn Sie Ihre Katze im Alter von zwölf Wochen abholen, ist sie bereits entwurmt und die Grundimmunisierung ist fast abgeschlossen (siehe Impfschema).

Für die ersten Tage werden Sie vom Ihrem Züchter das gewöhnte Futter mitbekommen, damit es zu keiner schnellen Futterumstellung kommt. Am besten ist es, wenn Sie auch künftig nach den Empfehlungen des Züchters füttern.

Er wird Ihnen vielleicht einen guten Tierarzt in Ihrer Nähe empfehlen können, den Sie möglichst innerhalb von zwei Wochen nach der Übernahme der Katze einmal aufsuchen. Sie können die kleine Katze von Grund auf untersuchen lassen und gegebenenfalls die nächsten Impftermine absprechen.

Ausruhen und beobachten gehören genauso in den Tagesablauf einer Katze wie spielen. Foto: Kerstin v. Sternstein

Foto: Dr. H. Schaarschmidt

Kastration

Wenn Sie nicht planen, Ihre Katze auszustellen oder mit Ihr zu züchten, sollten Sie sie kastrieren lassen. Im Gegensatz zur Sterilisation, bei der die Eileiter durchtrennt und somit eine Schwangerschaft verhindert wird, werden hierbei die hormonproduzierenden Eierstöcke komplett entfernt. Der Geschlechtstrieb und somit die Symptome der Rolligkeit der Katze werden so komplett unterdrückt.

Auch einen Kater sollten Sie kastrieren lassen. Wird er geschlechtsreif, beginnt er ansonsten sein Revier mit Urin zu markieren, was eine kaum auszuhaltende Geruchsbelästigung bedeutet.

Auswahl des Kätzchens

Sie haben dem Züchter gesagt, ob Sie eine Liebhaber-, Ausstellungs- oder Zuchtkatze erwerben möchten. Er wird Ihnen zeigen, welche Kätzchen für Ihre Ansprüche in Frage kommen und Sie dabei sicher gut beraten. Ein seriöser Züchter hat schließlich einen Ruf zu verlieren. Auf ein paar Dinge sollten Sie trotzdem bei der Auswahl achten.

Junge Katzen sind sehr verspielt und neugierig. Werden Sie misstrauisch, wenn ein Kätzchen sich wenig bewegt, scheu oder ängstlich ist und kein Interesse am Spiel mit Ihnen oder den anderen zeigt. Sie sind kein Tierarzt, aber auf ein paar Krankheitsanzeichen können Sie achten. So darf kein Ausfluss an den Ohren und Augen erkennbar sein, das Fell muss glänzen und auch um den After herum sauber sein. Die Ohren müssen frei von Parasiten sein, die Sie an einem dunklen Belag und einem schlechten Geruch leicht erkennen können. Die Augen müssen klar sein, es darf keine Trübung erkennbar sein.

Vorbereitungen zu Hause

Die Vorbereitungen in Ihrem Zuhause treffen Sie selbstverständlich bevor Sie das Kätzchen zu sich holen.

Als erstes müssen Sie die Grundausstattung für Ihre Katze besorgen. Auch wenn Sie schon eine Katze besitzen, bekommt Ihre neue Mitbewohnerin alle Gegenstände auch für sich. Wenn Sie Ihre Katze mit Feucht- und Trockenfutter versorgen, müssen Sie zwei stabile, rutschfeste Fressnäpfe besorgen, dazu kommt ein ebenfalls rutschfester Wassernapf. Das beste Material ist Edelstahl, denn es ist stabil und leicht zu reinigen. Näpfe aus Steingut sind ebenfalls empfehlenswert. Bei Plastiknäpfen achten Sie darauf, dass sie nicht zu leicht und dünn gearbeitet sind. Stellen Sie die Futter- und Wassernäpfe an einen ruhigen Ort, der nicht direkt der Sonne ausgesetzt ist. Die Küche ist ideal. Wasser- und Fressnapf sollten eine Meter entfernt voneinander stehen, so wird Ihre Katze zu häufigerem Trinken motiviert.

Wollen Sie nicht, dass Ihre Katze Ihre Möbel oder Tapeten zerkratzt, müssen Sie ihr schnell beibringen, dass der Kratzbaum extra für diese Zwecke da ist. Es gibt sie in verschiedensten Größen und Ausführungen. Am besten sind solche, deren Stämme mit Sisal umwickelt sind und die der Katze gleichzeitig einige erhöhte Aussichtsplätze bieten. Am besten stellen Sie den Kratzbaum in einer Ecke des Zimmers auf, in dem Sie sich häufig aufhalten, zumeist ist dies das Wohnzimmer.

Die Katzentoilette steht etwas abseits, da sich Katzen nicht gerne bei ihren Geschäften beobachten lassen – vielleicht im Badezimmer. Sie sollten den Standort möglichst nicht verändern, denn Ihre Katze benötigt auch eine gewisse Routine und Kontinuität in ihrem Leben. Es gibt sie in vielen verschiedenen Ausführungen. Am häufigsten sind sie aus Hartplastik entweder als einfache Wanne oder mit einem Häuschen darüber. Steht die Katzentoilette an einem ungestörten Ort, reicht eigentlich die einfache Wannenausführung. Die Vorteile des Häuschens liegen darin, dass sich eventuell entstehender Geruch nicht so schnell ausbreitet und weniger Streu herausgescharrt wird.

Eine stabile Transportbox gehört eben-

Katzen und andere Haustiere

Wenn sie von klein auf aneinander gewöhnt werden, verstehen sich Katzen mit vielen Haustieren – selbst mit Hunden und kleinen Nagern. Doch sollten Sie gerade im Spiel mit Kleinnagern, der natürlichen Beute jeder Katze, keine Experimente wagen. Freundschaften sind hier eher die Ausnahme. Die Gewöhnung an Hunde funktioniert meist gut, wenn beide noch jung sind.

Foto: Dr. H. Schaarschmidt

falls zur Grundausstattung; mit ihr holen Sie die Katze beim Züchter ab. Geflochtene Boxen sehen zwar nett aus, sind aber nicht besonders praktisch, denn die Katze kann sich wunderbar mit ihren Krallen in ihr festklammern. Auch können sie nicht gut gereinigt werden. Besser ist ein Box aus Plastik, die große Eingriffe bietet – ideal ist ein abnehmbarer Deckel – und so ein leichten Hineinsetzen und Herausnehmen der Katze ermöglicht.

Wenn Ihre Katze im Freien herumlaufen darf, dann sollte sie immer ein Halsband mit ihrer Adresse und Telefonnummer tragen, welches sich leicht abstreifen lässt, sollte sie damit irgendwo hängen bleiben.

Für die Fellpflege brauchen Sie entsprechende Bürsten und Kämme.

Der Handel bietet eine breite Palette an Spielsachen für Ihre Katze an. Achten Sie darauf, dass diese stabil sind und sich keine kleinen Teile ablösen und von Ihrer Katze verschluckt werden können. Welches das Lieblingsspielzeug Ihrer Katze wird, kann man vorher nie sagen. Das beliebte Wollknäuel sollten Sie aber meiden, denn wenn sich dieses abrollt, kann die Katze sich darin verheddern, in Panik geraten und dann sogar selbst strangulieren.

Nicht zuletzt braucht Ihre Katze geeignetes Futter und Sie sollten ein paar ausgewählte Leckerbissen für sie zur Hand haben. Fragen Sie am besten Ihren Züchter nach seiner Futterempfehlung, damit das Kätzchen seine gewohnten Mahlzeiten bekommt.

Die Eingewöhnung

Katzen gewöhnen sich unterschiedlich schnell an ihr neues Zuhause. Die Eingewöhnung fällt jungen Katzen meist einfacher als älteren. Am unkompliziertesten verläuft die Umstellung, wenn Sie zwei Wurfgeschwister gleichzeitig bei sich aufnehmen. Vergessen Sie nicht, dass die Kätzchen nicht nur in eine fremde, ungewohnte Umgebung kommen, sondern auch von ihrer Mutter und den Geschwistern getrennt werden. Wenn dann noch ein Freund aus alten Zeiten dabei ist, fallen Abschied und Eingewöhnung nicht so schwer.

Wenn Sie mit Ihrem Kätzchen nach Hause kommen, lassen Sie ihm erst einmal etwas Zeit für sich. Manche Katzen beginnen nun neugierig die Wohnung zu erkunden, andere sind eher verängstigt und ziehen sich schnell in eine Ecke oder einen Tisch zurück. Auf keinen Fall sollte von Ihrer Seite Hektik verbreitet werden. Auch wenn jeder die Katze gerne einmal streicheln und in den Arm nehmen will – jetzt geht das nicht. Die Katzentoilette müssen Sie ihr aber sofort zeigen! Sobald sich die Katze etwas eingewöhnt hat, zeigen Sie ihr den Fress- und Wassernapf, ihren Korb und geben ihr etwas zum Spielen. Manche Katzen finden über das Spiel schnell Zugang zu ihrem neuen Halter, andere fremdeln auch noch die nächsten Tage. Seien Sie sehr einfühlsam und lassen Sie Ihrer Katze die Zeit, die sie braucht.

Die erste Nacht

Erfahrungsgemäß bedeutet die erste Nacht in der neuen Umgebung für ein Kätzchen die größte Umstellung. Tagsüber konnte es sich mit Spielen und Entdeckungsreisen noch ablenken, aber jetzt abends allein im Korb liegen, das ist schon etwas anderes, als sich an seine Mutter und die Geschwister kuscheln zu können! Einmal mehr erweist es sich als Vorteil, gleich zwei Katzen anzuschaffen. Wenn das Kätzchen allein bei Ihnen ist, wird es vielleicht versuchen, zu Ihnen ins warme Bett zu kommen. Wenn Sie dies nicht auf Dauer dulden wollen, müssen Sie dem von Anfang an Einhalt gebieten. Ein einmal angewöhntes Verhalten ist der Katze nur schwierig wieder abzugewöhnen.

Zusammen mit ein paar Freunden ist eine kleine Katze noch recht mutig. Doch alleine in neuer Umgebung müssen Sie Ihrem kleinen Welpen in den ersten Tagen zur Seite stehen. Foto: Kerstin v. Sternstein

Um dem kleinen Neuling die erste Nacht etwas angenehmer zu machen, können sie seinen Korb neben Ihr Bett stellen und vielleicht eine Wärmflasche dazu legen. Das ist natürlich kein Ersatz, aber viele Halter haben mit dieser Methode gute Erfahrungen gemacht.

Wie die erste Nacht verlaufen wird, kann man nie wissen. Vielleicht schläft Ihr Kätzchen ganz friedlich und von den Strapazen des aufregenden Tages erschöpft ein. Manch eine Katze hat ihren neuen Besitzer aber auch die Nacht lang wach gehalten. In jedem Fall verlieren Sie die Nerven nicht. Es ist nunmal eine aufregende Zeit für ein kleines Kätzchen.

Die nächsten Tage

Während der kommende Tage wird sich die Aufregung legen und mehr Ruhe einstellen, soweit man davon bei einem Katzen-Welpen überhaupt sprechen kann. Zumindest lernt das Kätzchen Ihren Tagesablauf kennen und gewöhnt sich immer besser ein. Ein Besuch beim Tierarzt sollte innerhalb der ersten beiden Wochen folgen. Der Tierarzt untersucht das Kätzchen sorgfältig und spricht mit Ihnen gegebenenfalls noch ausstehende oder weiterreichende Impftermine ab. Ebenso können Sie anhand einer Kotprobe nochmals den Erfolg der letzten Wurmkur, die der Züchter durchgeführt hat, überprüfen lassen.

Junge Katzen sind neugierig. Passiert um sie herum etwas Ungewöhnliches, dann wird sogar das Spiel für einen Moment unterbrochen. Foto: A. Betz

Typisch Katze

Katzen nehmen unter den vielen Tieren, die der Mensch im Lauf der Jahrtausende domestiziert hat, unbestritten eine Sonderstellung ein. Sie lassen sich nicht einsperren, haben sich aber dennoch an den Menschen gewöhnt und leben gerne mit ihm unter einem Dach. Sie brauchen und suchen unsere Nähe, sind uns aber dennoch nicht grenzenlos ergeben und haben sich ihren eigenen Willen bewahrt. Dies hat mit der Vergangenheit der Katze als Einzelkämpfer in der Natur zu tun. Die Ahnen unserer Hauskatzen lebten nicht im Rudel zusammen, sonder trafen nur selten zur Paarungszeit aufeinander. So verwundert es nicht, dass sie sich ungerne Vorschriften machen lassen und alles ablehnen, was nach Zwang und Unfreiheit aussieht.

Wenn wir mit einer Katze zusammenleben, können wir ihr jedoch nicht immer alles erlauben – so gerne manch Halter dies auch täte! Deshalb ist eine Grunderziehung unbedingt erwünscht.

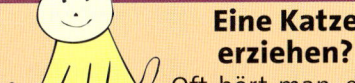

Eine Katze erziehen?

Oft hört man, eine Katze ließe sich nicht oder nur im engen Rahmen erziehen. Dieser Meinung liegt eine ganz bestimmte Vorstellung von dem Begriff Erziehung zu Grunde, der eher in die Nähe von Dressur zu rücken ist. Katzen sind sicher nicht dressierbar wie Hunde – die Bemerkung sei erlaubt, auch wenn hier Äpfel mit Birnen verglichen werden. Sie machen nicht auf Kommando, was man von ihnen will, sind nicht jederzeit zum Kuscheln aufgelegt und hören nicht immer auf ihren Namen. Dennoch sind sie sehr wohl lernfähig.

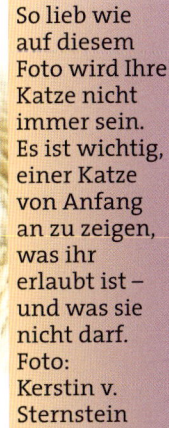

So lieb wie auf diesem Foto wird Ihre Katze nicht immer sein. Es ist wichtig, einer Katze von Anfang an zu zeigen, was ihr erlaubt ist – und was sie nicht darf. Foto: Kerstin v. Sternstein

Erlauben Sie Ihrem Welpen nichts, was Sie der erwachsenen Katze verbieten würden. Oder möchten Sie, dass das Terrarium zum Lieblingsplatz Ihrer Katze wird?
Foto: A. Betz

Verbote

Auch bei der Erziehung Ihrer Katze ist Konsequenz das oberste Gebot. Verbote müssen einheitlich gehandhabt werden, nicht wie es Ihnen gerade passt. Dabei genügt ein strenges „Nein" als Missbilligung vollkommen aus – Katzen sind sehr feinfühlig und wissen genau, was Sie meinen. Schläge sind ein absolut unakzeptables Erziehungsmittel und andere Strafen wie beispielsweise den Entzug des Fressens kann Ihre Katze nicht als erzieherisches Mittel verstehen.

Erziehung Ihrer Katze

Eine Katze erziehen bedeutet nicht in erster Linie, ihr Kommandos oder Kunststücke beizubringen. Die Erziehung umfasst vielmehr das Aufzeigen bestimmter Ge- und Verbote. Die einzigen erlaubten Hilfsmittel sind dabei Ihre Stimme und eine Belohnung zur rechten Zeit. Zeigt Ihre Katze ein unerwünschtes Verhalten, sollten Sie ihr dies durch ein strenges „Nein" auch sagen und ihr das gewünschte Verhalten zeigen. Wetzt sich Ihre Katze ihre Krallen beispielsweise an Möbeln oder Wänden, sagen Sie streng „Nein" und setzen Sie sie an ihren Kratzbaum. Kratzt die Katze dort weiter, wird sie gelobt und erhält eine kleine Belohnung. Diesen Erziehungsstil nennt man positive Verstärkung. Der Theorie nach wird ein Verhalten, das zu einem positiven Ergebnis führte, gerne wiederholt.

Auch der Umkehrschluss gilt: Eine Handlung mit einem negativen Resultat wird gemieden. Wenn also Ihr strenges „Nein" die Quittung für eine bestimmte Aktion ist, überlegt es sich die Katze das nächste Mal genau, ob sie es wieder tut. Soweit die Theorie. In der Praxis kann es schon einiger Belohnungen oder „Neins" bedürfen, bis Ihre Katze das gewünschte Verhalten zeigt bzw. unterlässt. Katzen sind aber nicht dumm, sie haben nur ihren eigenen Kopf. Wenn Sie Zeit und Lust haben und feststellen, dass Ihre Katze positiv auf Ihre Erziehung reagiert, können Sie auch versuchen, ihr weitere Dinge beizubringen. Viele Katzen hören beispielsweise sehr gut auf ihren Namen. Ihrer Phantasie sind aber innerhalb gesundheitsbewusster und artgerechter Schranken keine Grenzen gesetzt!

Kommen auf Zuruf

Katzen hören nicht immer auf ihren Namen. Damit sie mit dem Nennen Ihres Namens nur Positives verbindet, sollten Sie ihn nie rufen, wenn Sie böse auf Ihre Katze sind oder etwas Unangenehmes mit ihr vorhaben wie beispielsweise das Verabreichen von Medikamenten. Rufen Sie sie nur in angehmen Situationen. So verbindet die Katze mit ihm positive Erlebnisse.

Foto: I. Francais

Katzen und Kinder

Katzen und kleinere Kinder scheinen nicht zusammenzupassen. Katzen mögen es eher ruhig, bedächtig unf hassen Hektik und unkontrollierte Bewegungen. Kleine Kinder sind noch unsicher in ihren Bewegungen, oft unfreiwillig grob und laut. Es hat sich jedoch gezeigt, dass der Umgang nicht nur funktionieren kann, sondern Kinder sehr davon profitieren.

Foto: Kerstin v. Sternstein

Eine Katze oder besser zwei?

Unsere modernen Rassekatzen sind keine Einzelgänger, sie lieben die Gesellschaft sowohl des Menschen als auch von Artgenossen. Wenn Sie Ihre Katze häufiger alleine lassen müssen, sollten Sie unbedingt eine zweite Katze zu sich ins Haus holen. Wenn die Katzen kastriert sind, ist das Geschlecht gleich, denn Kastraten verstehen sich in der Regel gut. Problem gibt es meist nur, wenn zwei ausgewachsene Katzen aneinander gewöhnt werden sollen. Also am besten Sie nehmen gleich ein Paar bei sich auf!

Das sollten Sie Ihrer Katze besser nicht zumuten!

Katzen mögen es gar nicht, wenn ...
- sie aus dem Schlaf gerissen werden.
- sie grob angefasst werden.
- sie gegen ihren Willen festgehalten werden.
- es sehr laut ist.
- sie oft allein gelassen werden.
- sie sich nicht zurückziehen können.
- sie nicht beachtet werden.

Damit machen Sie Ihrer Katze eine Freude

Katzen lieben es, wenn ...
- sie bestimmen, was geschieht.
- sie sich ihren Lieblingsplatz selbst aussuchen können.
- sie den Überblick haben.
- sie auf Wunsch ihre Streicheleinheiten bekommen.
- Sie ihre Ruhezeiten respektieren.
- sie ihr Lieblingsfutter bekommen.

Wer möchte sich hier nicht am liebsten einfach dazulegen? Diese Welpen strahlen ihre Zufriedenheit sogar im Schlaf aus. Foto: Kerstin v. Sternstein

Stubenreinheit

Katzen gewöhnen sich sehr schnell an den Besuch der Katzentoilette, denn sie sind von Natur aus sehr sauber. Sie kennen die Toilette schon von ihrer Zeit beim Züchter. Sollte es dennoch vorkommen, dass Ihre Katze ständig irgendwo in der Wohnung uriniert, müssen Sie reagieren. Beobachten Sie Ihre Katze, denn bevor sie ihr Geschäft macht, läuft sie meist etwas unruhig durch die Gegend. Nehmen Sie sie dann und setzen sie in die Katzentoilette.

Sie können auch etwas Streu nehmen, wenn Ihre Katze einmal außerhalb des Klos gemacht hat, das Missgeschick damit beseitigen und dieses Streu anschließend in das Katzenklo legen. Der Geruch könnte die Katze dazu veranlassen, ihr nächstes Geschäft dort zu verrichten. Wenn Ihre Katze plötzlich nicht mehr auf die Katzentoilette geht, kann es es auch sein, dass diese nicht regelmäßig, einmal am Tag, gereinigt wurde.

Unsere Rassekatzen sind Wohnungskatzen, doch ein kleiner Ausflug in den Garten ist ein willkommene Abwechslung. Vor allem dann, wenn für etwas Bequemlichkeit gesorgt wurde ...
Foto: Kerstin v. Sternstein

Foto:
Dr. Helga
Schaarschmidt

Die Fellpflege

Auch wenn Ihre Katze das Fell selbst immer in beste From bringt liebt sie dennoch Ihre Zuwendung und die zusätzlichen Streicheleinheiten, wenn Sie sie ausgiebig bürsten. Ein Bad ist für Katzen nicht unbedingt eine schöne Sache und auch nicht notwendig, solange das Fell nicht sehr stark verschmutzt ist oder die Katze für eine Ausstellung besonders zurecht gemacht werden soll.

Bade-Shampoo

Müssen Sie Ihre Katze einmal baden, verwenden Sie nur spezielles Shampoo für Katzen. Dieses schont den natürlichen Fett- und Säureschutzmantel der Haut und des Fells. Produkte für den Menschen sind zu aggressiv und würden diese stören. Sollte Ihre Katze empfindlich reagieren, sollten Sie möglichst auf Bäder verzichten oder spezielle Produkte bei Ihrem Tierarzt erfragen.

Das Fell der Britisch Kurzhaar ist pflegeleicht und muss nicht jeden Tag aufwändig durchgekämmt werden.
Foto:
I. Francais

Katzen sind sehr reinliche Tiere. Den Groß-teil ihrer Pflege leisten sie selbst. Es vergeht keine Stunde, in der wir unsere Katze nicht dabei beobachten können, wie sie ihre Krallen wetzt oder sich ausgiebig der Fellpflege widmet. Unsere Aufgabe ist es mehr oder weniger nur, ihren Pflege-zustand auch zu kontrollieren und dann gegebenenfalls einzuschreiten, wenn die Krallen doch einmal zu lang geworden sind, oder das Fell zu verfilzen droht. Die tägliche Pflege ist eine Garantie für die Gesundheit unserer Katze. Achten Sie also sehr genau darauf, ob Ihre Katze immer gepflegt aussieht Krankheiten zeigen sich nicht zuletzt dadurch, dass die Katze ihr eigene Pflege vernachlässigt und das Fell ungepflegt und stumpf wirkt.

Die Fellpflege
Sollte ein Bad für Ihre Katze unbedingt notwendig werden, verwenden Sie un-bedingt ein spezielles Shampoo für Katzen. Dies ist dem Fett- und Säure-mantel von Haut und Haaren genau angepasst. Produkte für den Menschen würden dieses Gleichgewicht stören. Im Prinzip muss eine Katze nicht ge-badet werden. Gründe hierfür können allerdings in einer sehr starken Ver-schmutzung liegen, auch kann es medizinische Gründe geben. Be-stimmte Hautkrankheiten lassen sich am besten mit Bädern kurieren. Aus-stellungskatzen sollen besonders ge-pflegt erscheinen. Da kann es notwen-dig werden, dass die Katze gebadet wird, selbst wenn viele auch ohne diese zusätzliche Pflege im schöns-ten Pelz daherkommen.

Die Zahnpflege
Für die Zahnpflege Ihrer Katze gibt es verschiedene Produkte. Zum einen erhalten Sie Zahnbürsten und Pasten für die Reinigung. Es gibt auch Lecker-bissen, die gleichzeitig der Zahnpfle-ge dienen. Junge Katzen knabbern vor allem während der Zeit des Zahn-wechsels auf allen möglichen Dingen. Für diese Phase gibt es spezielles Spielzeug.

34

Foto: I. Francais

Das Fell der Britisch Kurzhaar

Die Britisch Kurzhaar gehört zu den Kurzhaar-Katzen. Sie braucht kaum Ihre Hilfe bei der Fellpflege. Dennoch ist es ihr ein Vergnügen, wenn Sie sie liebevoll auf den Schoß nehmen und sanft bürsten. Um das Fell in einem perfekten Zustand zu halten genügt es vollkommen, die Katze einmal die Woche zu bürsten.

Zahnpflege

Ungepflegte Zähne sind ein häufig unterschätztes und darum auch gar nicht so seltenes Problem bei Katzen. Zwar leiden Katzen selten an Karies, doch kann sich unangenehmer Zahnstein bilden, der zu Zahnfleischentzündungen führen kann. Diese können zu schweren Infektionen innerhalb des Organismus der Katze führen. Um dem vorzubeugen sollten Sie die Zähne Ihrer Katze mindestens einmal wöchentlich gründlich mit einer Bürste und Zahnpasta reinigen. Haben Sie Ihre Katze von klein auf daran gewöhnt, wird sie dies auch gerne über sich ergehen lassen. Es gibt zudem spezielles Trockenfutter, das, gelegentlich verfüttert, der Zahnsteinbildung vorbeugt. Hat sich bereits Zahnstein gebildet, muss dieser vom Tierarzt entfernt werden.

Die Krallenpflege

Sollte einmal eine oder mehrere Krallen zu lang geworden sein, können Sie diese mit einem speziellen Krallenschneider kürzen. Das erste Mal sollten Sie sich dies von einem erfahrenen Katzenhalter, Ihrem Züchter oder dem Tierarzt zeigen lassen. In jeder Kralle bedindet sich nämlich zentral ein Blutgefäß mit Nerven. Sollten Sie dies anschneiden, tut dies der Katze weh und es blutet. Bei hellen Krallen können sie das Gefäß gut als dunklen Strich gegen das Licht erkennen. Bei dunkel pigmentierten Krallen ist das kaum möglich. Sind Sie sich unsicher, lassen Sie die Krallen von einem erfahreneren Katzenhalter, dem Züchter oder Ihrem Tierarzt kürzen. Alternativ können Sie auch eine Feile nehmen und tragen immer nur wenig am Anfang der Kralle ab.

Nur eine gut gepflegte Katze kann sich in ihrer ganzen Schönheit präsentieren. Foto: Roland Hundsdörfer

Die Krallenpflege

Durch das häufige Wetzen am Kratzbaum halten Katzen ihre Krallen selbst immer scharf und in der richtigen Länge. Sollte dennoch eine Kralle einmal zu lang gewachsen sein, kürzen Sie sie selbst. Am besten lassen Sie sich dies einmal von Ihrem Tierarzt zeigen.

Das Wetzen der Krallen gehört zum natürlichen Verhalten der Katze. Ein Kratzbaum gehört somit in jede Wohnung, wenn Sie nicht wollen, dass die Katze Ihre gesamte Einrichtung zerkratzt. Wer die Möglichkeit hat, bietet seiner Katze zusätzliche „Wetzgelegenheiten" im Garten an.
Foto:
Dr. H. Schaarschmidt

Augen- und Ohrenpflege

Die Augen und die Ohren einer Katze sind sehr empfindlich. Seien Sie vorsichtig, wenn Sie bei der Fellpflege in ihre Nähe kommen. Augen und Ohren müssen frei von Ausfluss sein. Hinter einem eitrigen Ausfluss können sich ernst zu nehmende virale oder bakterielle Infektionen verbergen, die unbehandelt zu bleibenden Augenschäden und chronischen Erkrankungen führen können. Tränen die Augen Ihrer Katze ständig, gehen sie mit ihr zum Tierarzt. Vielleicht hat sie eine Allergie oder eine Verletzung im Auge.

Die Ohren müssen sauber sein, der sichtbare äußere Gehörgang frei von Verunreinigungen. Sollten Sie dort Krusten und einen schlechten Geruch feststellen, liegt wahrscheinlich eine Infektion, möglicherweise mit Milben, vor. Stellen Sie in diesem Fall Ihre Katze dem Tierarzt vor!

Die Sauberkeit des Umfeldes

Katzen sind sehr reinlich und so sollte auch ihr Umfeld immer in einem gepflegten Zustand sein. Dies gilt im besonderen Maß für das Katzenklo, den Bereich der Futter- und Wassernäpfe und die hauptsächlichen Aufenthaltsorte Ihrer Katze, vor allem das Körbchen. Es darf hier niemals zu einer starken Geruchsbildung kommen.

Das Katzenklo

Hierfür gibt es inzwischen sehr gute Streus verschiedener Hersteller. Darunter sind viele sogenannte Klumpstreus. Diese bestehen aus einem Granulat, das die Feuchtigkeit und auch die Gerüche bindet. Gleichzeitig verbindet sich das so verbrauchte Granulat zu festen Klumpen, die mit einer Siebschaufel leicht entfernt werden können. Das Streu muss nur wieder aufgefüllt werden. Es genügt somit, das Katzenklo alle vierzehn Tage komplett zu reinigen.

Das Katzenklo

Reinigen Sie das Katzenklo täglich. Sie müssen nicht immer eine komplette Reinigung durchführen, das genügt alle vierzehn Tage, sondern entfernen täglich nur die verschmutzten Bereiche. Reinigen Sie das Klo niemals mit scharfen Reinigern, sondern nur mit speziellen Pflegemitteln, die Ihrer Katze nicht schaden.

Foto: A. Betz

Katzenstreu

Es gibt verschiedene Arten Katzenstreu. Am gebräuchlichsten und sicher auch praktischsten sind die sogenannten Klumpstreus, bei denen die nass gewordenen Partikel zu festen Steinen verklumpen uns so leicht aus dem Klo entfernt werden können. Recht neu und unbedingt empfehlenswert sind biologische Klumpstreus, die vollständig abbaubar sind und auf dem Kompost oder in der Biomüll-Tonne entsorgt werden können.

Das Körbchen

Im Körbchen achtet die Katze selbst schon auf Sauberkeit, doch können Sie von Zeit zu Zeit die Haare entfernen.

Der Fressplatz

Dass Sie die Fressnäpfe nach jeder Mahlzeit gründlich mit heißem Wasser reinigen, sollte eine Selbstverständlichkeit sein. Der Napf mit dem Trockenfutter sollte auch täglich einmal ausgespült werden. Gleiches gilt für die Wasserschüssel. Achten Sie auch um die Näpfe herum auf Sauberkeit. Wischen Sie regelmäßig auf, um Futterreste zu beseitigen.

Manche Katzen sind bei ihrem Fressen sehr wählerisch. Neues Futter wird zunächst ausgiebig beschnuppert, bevor die Katze es probiert. Dies gilt auch für kleine Leckerlis.
Fotos:
A. Betz

Eine sehr wichtige Rolle bei der artgerechten Haltung Ihrer Katze und der Gesundheitsvorsorge spielt die richtige Ernährung. Diese muss auf die Bedürfnisse Ihrer Katze abgestimmt sein. Das ist heutzutage kaum mehr ein Problem, denn die Fertigfuttersorten sind eine gesunde, einfache und sichere Möglichkeit, seine Katze zu ernähren.

Ernährungsansprüche der Katze

Wenn Sie die Katze vom Züchter abholen, sollten Sie sie bis zu einem Alter von etwa sechs Monaten mit einem speziellen Futter für Welpen ernähren und dann langsam auf eine Kost für erwachsene Katzen umstellen. Die Futtermenge ist abhängig davon, wie gut die Katze die Nährstoffe individuell verwertet und wie aktiv sie ist. Auf der Verpackung sollte ein Richtwert angegeben sein, wieviel Gramm Futter pro Kilogramm Katze gegeben werden sollte. Halten Sie sich zunächst daran und schauen Sie dann, ob diese Menge ausreicht – gegebenenfalls erhöhen oder senken Sie die Futtergabe.

Futterumstellung

Es gibt sehr verschiedene Meinungen zum Thema Ernährung. Die einen sagen, man soll möglichst abwechslungsreich füttern, um eine Gewöhnung zu vermeiden. Andere sehen gerade in dem häufigen Wechsel einen Grund für Verdauungsprobleme und einen Auslöser für die immer mehr häufiger auftretenden Nahrungsmittelallergien. Um bei einem Futterwechsel den Übergang schonend zu gestalten, vermengen Sie das neue mit dem alten Futter so, dass Sie über eine Woche immer mehr vom alten und immer weniger vom neuen Futter nehmen.

Ab und zu ein Schälchen Milch ist ein wahrer Genuss für Katzen. Sie dürfen jedoch nur spezielle Katzenmilch anbieten. Ansonsten kann es zu Verdauungsstörungen kommen, denn nicht alle Bestandteile der Kuhmilch können von einer Katze verdaut werden.
Foto: I. Francais

Fütterungsregeln

- Das Futter muss immer bei Zimmertemperatur verfüttert werden.
- Essensreste immer spätestens nach einer Stunde entfernen – außer Trockenfutter
- Futternäpfe immer gründlich reinigen
- Immer frisches Wasser anbieten
- Der Futterplatz muss an dem gleichen ungestörten Ort sein
- Füttern Sie immer zu den gleichen Zeiten, am besten morgens und abends
- Füttern Sie nicht zu viele Leckerbissen, denn das bringt das ausgewogene Verhältnis der Fertigkost durcheinander

Fertigfuttersorten

Fertigfutter werden als Feuchtfutter in Dosen oder Schalen oder als Trockenfutter im Beutel angeboten. Sie sind vom Hersteller so ausgewogen zusammengestellt und mit allen notwendigen Zusatzstoffen versehen, so dass sie als Alleinfutter alle Bedürfnisse Ihrer Katze decken. Weitere Zusätze dürfen nur auf Anraten Ihres Tierarztes verfüttert werden. Häufiges Thema von Diskussionen ist die Gefahr der Gewöhnung an ein Futter. Sogar von süchtig machenden Zusätzen wurde eine Zeitlang gesprochen. Fakt ist, dass Fertigfutter so vollständig in ihrer Zusammensetzung sind, dass Ihre Katze auch keinen Schaden nehmen würde, wenn sie täglich die gleiche Futtersorte bekommt. Tatsache ist aber auch, dass eine Ernährungsumstellung in solch einem Fall die Verdauung, die sich auf diese eine Sorte eingestellt hat, stärker belastet. Es ist also sicher nicht verkehrt, auch wenn verschiedene Meinungen zu diesem komplexen Thema existieren, ihre Katze von Beginn an nicht nur an ein Futter zu gewöhnen, sondern die Marken regelmäßig zu wechseln. Wenn Ihre Katze aber eine bestimmte Futtersorte bevorzugt, können Sie unbesorgt dabei bleiben.

Die richtige Ernährung ist nicht nur für die Gesundheit Ihrer Katze wichtig. Sie ist auch entscheidend für ein schönes Fell und feste Krallen.
Foto:
I. Francais

• Feuchtfutter

Feuchtfutter bestehen aus bis zu 80% aus Wasser. Sie werden in den verschiedensten Qualitäten und Geschmacksrichtungen angeboten. Viele Hersteller produzieren spezielle Sorten für junge und ältere Katzen.

Feuchtfutter halten sich, einmal geöffnet, bei weitem nicht so lange wie Trockenfutter. Es werden aber Portionspackungen angeboten, die für eine oder zwei Fütterungen reichen. Trotzdem Ihre Katze einen großen Teil ihres Flüssigkeitsbedarfs über diese Futterart decken kann, müssen Sie ihr immer die Möglichkeit bieten, zusätzlich Wasser trinken zu können.

• Trockenfutter

Trockenfutter enthält nur maximal 15% Feuchtigkeit. Auf das Gewicht gerechnet ist es somit sehr ergiebig. Auch geöffnet ist es noch lange haltbar, dennoch sollten Sie es zügig verwerten, denn mit der Zeit – in etwa zwei bis drei Monaten – bauen sich die Vitamine ab. Da das Futter selbst sehr wenig Wasser enthält, wird Ihre Katze relativ viel trinken – wundern Sie sich darüber nicht! Zur Abwechslung können Sie das Trockenfutter auch einmal in Wasser einweichen. Trockenfutter wird von vielen Herstellern in den unterschiedlichsten Geschmacksrichtungen für die verschiedenen Lebensabschnitte Ihrer Katze angeboten.

Knochen und Gräten

Knochen und Gräten haben im Fressen der Katze nichts zu suchen. Entfernen Sie sie, um das Risiko zu umgehen, dass ein Kochen oder eine Gräte im Hals oder Verdauungstrakt Ihrer Katze steckenbleibt und dort für schwere Probleme sorgt.

Auch an Katzenwelpen dürfen Sie nur spezielle Katzenmilch verfüttern. Kuhmilch können sie nicht verdauen! Foto: A. Betz

Foto: R. Hundsdörfer

Futtertips

Proteine

Katzen benötigen in Ihrem Futter einen hohen Anteil an Proteinen, da sie die Aminosäure Taurin (Baustein der Proteine) nicht selbst synthetisieren können. Es ist deshalb wichtig, dass Sie Ihre Katze wirklich nur mit Katzenfutter füttern – auch wenn Hundefutter eine günstigere Alternative zu sein scheint, es würde bei Ihrer Katze zu Mangelerkrankungen führen.

Katzengras

In der freien Natur fressen Katzen Gras, das sie sofort im Anschluss wieder erbrechen. Mit dem Gras gelangen auch Haare, die bei der Fellpflege verschluckt wurden und nicht über den Darm ausgeschieden werden, aus dem Magen. Für Katzen, die überwiegend in der Wohnung gehalten werden, sollte immer eine Schale mit Katzengras bereitstehen. Besonders die langhaarigen Rassen benötigen dieses Hilfsmittel!

Feinschmecker

Katzen sind Feinschmecker und nehmen nicht jedes Futter an. Sollte Ihre Katze also einmal den Futternapf nicht anrühren, ist dies noch kein Grund zur Sorge. Vielleicht ist sie einfach die Futtersorte oder Geschmacksrichtung leid. Probieren Sie eine andere aus!

Übergewicht

Katzen neigen prinzipiell nicht dazu, sich zu überfressen. Ursachen für Übergewicht sind eher ungeeignetes Futter, zu viele Leckerbissen, zu wenig Bewegung oder auch eine Erkrankung des Verdauungssystems. Mit einem leichten Druck auf die Rippen erkennen Sie schnell, ob Ihre Katze das richtige Gewicht hat. Sie sollten die Rippen dann unter eine leichten Fettschicht gut spüren können.

Trinkwasser

Frisches Wasser ist lebensnotwendig. Katzen, die sich auch im Freien aufhalten, trinken oft aus Pfützen. Es scheint so, dass sie abgestandenes Wasser lieber mögen als direkt aus dem Hahn. Sie könnten also in einer Kanne immer etwas Wasser für Ihre Katze über Nacht stehen lassen und erst dann in den Wassernapf geben.

Kein rohes Fleisch!

Verfüttern Sie niemals rohes Fleisch, egal ob es sich um Geflügel, Schwein, Rind, Fisch oder sonst eine Art handelt! In rohem Fleisch können sich verschiedene Parasiten und Krankheitserreger befinden. Vor allem im Schweinefleisch finden sich diese Erreger, darunter sogar ein Virus, das die tödliche Aujeszkysche Krankheit auslöst.

Futterzusätze

Wenn Sie Ihre Katze mit einem Fertigfutter versorgen, gehören dort nur in Ausnahmefällen und nach Absprache mit dem Tierarzt Futterzusätze hinein. Diese Futtersorten sind so konzipiert, dass sie alle Zusatzstoffe in ausreichender Menge enthalten. Für Vitamine und Mineralien gilt nicht immer: Je mehr desto besser!

Milch und Eier

Kuhmilch ist für Katzen kein geeignetes Nahrungsmittel. Katzen können den Milchzucker, die Laktose, nicht verdauen, so dass dieser im Verdauungstrakt zu gären beginnt. Da bei der Säuerung von Milch die Laktose abgebaut wird, verfüttern Sie als gelegentlichen Leckerbissen lieber Joghurt, Quark oder Dickmilch. Rohe Eier können Salmonellen enthalten und dürfen nicht verfüttert werden, auch gekocht sollte nur gelegentlich etwas Eigelb gegeben werden.

Besondere Ernährungsansprüche

Katzen stellen während der Trächtigkeit und der Stillzeit besondere Ansprüche an ihre Ernährung. Das betrifft nicht nur die Qualität, sondern vor allem auch die Menge. Sie können davon ausgehen, dass eine trächtige Katze bis zu 50 % mehr Futter benötigt! Während Ihre Katze säugt, kann der Nahrungsbedarf auf das Doppelte bis Vierfache der normalen Ration ansteigen. Dies ist vor allem von der Welpenanzahl abhängig.

Eine besondere Ernährung fordern auch junge Katzen bis zum sechsten Lebensmonat und ältere Katzen ab etwa dem siebten Lebensjahr.

Die jungen Katzen befinden sich in einer enormen Wachstumsphase. Jede Fehlernährung, jeder Nährstoffmangel macht sich in dieser Lebensphase sofort dramatisch bemerkbar – Wachstumsstörungen sind die offensichtliche Folge einer Mangelernährung. Verlassen Sie sich auf die angebotenen Fertigprodukte für Katzenkinder, denen alle notwendigen Inhaltsstoffe beigefügt sind.

Bei älteren Katzen kann es leicht zum Übergewicht und Verdauungsproblemen kommen, wenn Sie die Ernährung nicht anpassen. Zum einen ist die ältere Katze nicht mehr so aktiv und verbraucht dementsprechend weniger Energie. Zum anderen funktioniert die Verdauung nicht mehr so effektiv wie bei einer jüngeren Katze, so dass das Futter nun leichter verdaulich sein muss. Der Fachhandel bietet auch für ältere Katzen spezielle Futtersorten an. Sollte es dennoch Probleme bei der Ernährung geben, suchen Sie den Tierarzt auf, um eventuelle altersbedingte Erkrankungen auszuschließen.

Katzenwelpen haben besondere Ansprüche an ihre Ernährung, denn sie befinden sich in einer starken Wachstumsphase.
Fotos: A. Betz

Ein neuer Leckerbissen – wie der wohl schmecken wird?

Leckerbissen

Nicht von ungefähr kommt der Begriff „Naschkatzen". Vielleicht wird hier und da mit dem Mythos Feinschmecker bei Katzen übertrieben, aber sie sind schon wählerischer als viele andere Haustiere. Um so mehr lieben sie es, neben den gewohnten Mahlzeiten einmal einen zusätzlichen Leckerbissen zu bekommen. Im Handel finden Sie geeignete Produkte, auch ein Löffel Naturjoghurt oder einen Stück Hartkäse sind willkommene Leckereien. Ungeeignet sind hingegen alle gewürzten Lebensmittel und Süßigkeiten. Leckerbissen sollen die Ausnahme bleiben, sonst frisst Ihre Katze ihr normales Futter nicht mehr – und darin sínd schließlich die lebensnotwendigen Bestandteile, nicht im Leckerbissen.

Es gibt inzwischen eine Vielzahl von Leckerbissen, die Ihrer Katze nicht nur gut schmecken, sondern auch gesund für sie sind.
Fotos: A. Betz

Gesundheitsvorsorge

Der größte Wunsch jedes Katzenhalters ist natürlich, dass sein Liebling sich wohlfühlt, zufrieden und gesund ist. Um dies zu erreichen, tun Sie bereits eine ganze Menge für Ihre Katze: Sie verschaffen ihr Bewegung und Abwechslung, sorgen für eine ausgewogene Ernährung und nicht zuletzt haben Sie schon bei der Auswahl Ihres Kätzchens darauf geachtet, dass es gesund ist und aus einer seriösen Zucht stammt. Das allein genügt aber noch nicht. Deshalb wird Ihre Katze regelmäßig geimpft und entwurmt. Sie schauen bei der täglichen Pflege nach Veränderungen an Augen, Ohren und der Haut und beobachten aufmerksam jede Verhaltensänderung Ihrer Katze. Schließlich kann sich dahinter immer auch eine ernsthafte Erkrankung verstecken.

Schutz vor Parasiten

Es ist falsch zu denken, dass nur ungepflegte, streunende Katzen von Parasiten befallen werden können. Zum Glück gibt es aber einige recht wirksame Mittel zur Prophylaxe verschiedener Parasiten, jedoch können auch diese keinen hundertprozentigen Schutz bieten.

Nicht zuletzt achten Sie auf Außenparasiten wie Flöhe, Milben oder Zecken. All diese Maßnahmen dienen nicht nur der Gesundheit Ihrer Katze, sondern auch Ihrer eigenen, denn viele Parasiten können auch auf den Menschen übergehen. Etwas mehr über die Krankheiten und Parasiten, die für Ihre Katze bedrohlich sind, sollen Sie nun erfahren.

Wenn sich Ihre Katze häufig im Freien aufhalten darf, behandeln Sie sie prohylaktisch gegen Parasiten und suchen Sie sie abends zusätzlich gründlich nach Parasiten ab.
Foto: Dr. H. Schaarschmidt

Katzenflöhe

Katzenflöhe können sehr lästig werden – nicht nur für Katzen, sondern auch für Menschen und andere Tiere. Katzenflöhe sind bei der Wahl des Wirtes nicht sehr wählerisch. Die Ansteckung erfolgt von Tier zu Tier. Auf dem Menschen halten sich die Flöhe meist nicht dauerhaft auf, doch verursachen die Stiche einen starken Juckreiz, der für Allergiker besonders unangenehm ist.

Anti-Floh-Mittel

Es gibt heute die verschiedensten Anti-Floh-Mittel. Am gebräuchlichsten sind Sprays, Tabletten, Halsbänder und sogenannte „Spot-on"-Präparate, die punktuell auf die Haut der Katze geträufelt werden. Viele dieser Mittel wirken gut, können einen Befall aber nicht immer vollständig verhindern.

Parasiten

Man unterscheidet zwei Gruppen von Parasiten: Außen- und Innenparasiten. Für den Menschen lästiger sind sicher die Außenparasiten, denn Flöhe können auch uns befallen und mit ihren Stichen einen starken Juckreiz auslösen. Unbehandelt gefährlicher sind die Innenparasiten, unter denen Würmer am häufigsten vorkommen. Manche können auch für den Menschen gefährlich werden. Die größte Gefahr geht dabei oftmals nicht allein von dem Parasiten direkt aus. Vielmehr schwächen sie den Gesamtorganismus und ermöglichen anderen Infektionen so ihre Verbreitung, oder sie sind selbst Überträger verschiedener Krankheitserreger.

Außenparasiten (Ektoparasiten)

Unter Außenparasiten verstehen wir alle die Parasiten, die nicht in den Organismus ihres Wirtes eindringen, sondern sich auf ihm aufhalten. Diese Parasiten schädigen die Katze nicht nur dadurch, dass sie ihr Blut saugen oder ihr Speichel zu starkem Juckreiz und Hautirritationen führen kann, sondern sie können auch Überträger verschiedener Krankheitserreger sein. Die winzigen Einstichstellen bieten zudem anderen Krankheitskeimen die Möglichkeit, in den Organismus einzudringen. Dies in größerem Maß, wenn die Katze die kleinen juckenden Wunden aufkratzt.

• Flöhe

Katzenflöhe werden etwa 3mm lang und können mit dem bloßen Auge erkannt werden. Charakteristisch ist der Kot, der aus kleinen schwarzen Kügelchen besteht, die teils auch etwas länglich sind.

Flöhe sind für Ihre Katze und Sie nicht nur lästig. Sie können Krankheitserreger übertragen, die Einstichstellen können sich infizieren und nicht zuletzt können Katzen – und Menschen – gegen den eingetragenen Speichel allergisch reagieren. Schwere Hautprobleme können die Folge sein. Der typische, je nach schwere der Allergie unterschiedlich starke Juckreiz ist sicherlich das offensichtlichste und auch lästigste aber im Vergleich zu den möglichen Infektionen nicht das bedrohlichste Symptom.

Eine Entdeckungsreise im Freien ist aufregend und es gibt viel Neues zu erkunden. Solange Ihre Katze aber noch keinen vollständigen Impfschutz besitzt, achten Sie besonders sorgfältig darauf, wo sie sich herumtreibt. Foto: Kerstin v. Sternstein

Ein Flohbefall muss bekämpft werden. Sie erhalten heute genügend Mittel, die die Erreger und ihre Eier, Larven und Puppen zuverlässig beseitigen. Bevor Sie jedoch irgendein Mittel kaufen, sollten Sie Ihren Tierarzt um Rat fragen. Er hat dann bestimmt das passende Produkt für Sie und Ihre Katze parat.

Es gibt verschiedene präventiv wirkende Mittel von denen flüssige Tropfen, die auf die Rückenhaut geträufelt werden, und Flohhalsbänder die populärsten sind.

• Zecken

Die häufigste Zeckenart bei uns ist der gemeine Holzbock. Er sitzt im Unterholz, auf Pflanzenstengeln und lässt sich auf ein vorbeikommendes Tier einfach fallen. Zecken entwickeln sich über verschiedene Stadien, die aber alle Blut saugen. Eine vollgesaugte Zecke erreicht Maiskorn- bis Bohnengröße, ein „leeres" Tier ist nur wenige Millimeter lang.

Zecken können gefährliche Krankheiten übertragen, deshalb sollten sie möglichst schnell entfernt werden. Dazu greifen Sie die Zecke mit einer speziellen Zeckenzange direkt hinter dem Kopf, mit dem sie sich komplett in der Haut der Katze verankert hat, und drehen sie vorsichtig heraus. Sollte der Kopf dabei abreißen, suchen Sie einen Tierarzt auf, der die Zecke dann vollständig entfernt, um Entzündungen zu vermeiden. Suchen Sie Ihre Katze nach jedem Spaziergang außerhalb der Wohnung auf diese Parasiten hin ab.

Die meisten Flohhalsbänder wirken auch gegen Zecken, sind aber kein hundertprozentiger Schutz.

• Ohrmilben

Am häufigsten werden Katzen von Ohrmilben befallen, die direkt von Tier zu Tier übertragen werden. Ein Befall löst starken Juckreiz aus und kann zu schweren Ohrentzündungen führen. Die Milben vermehren sich rasch. Sie scheiden im Gehörgang ihren Kot aus und legen ihre Eier dort hinein. Der Kot bildet eine gute Grundlage für Pilze und weitere Krankheitserreger. Ein Befall ist leicht an der dunklen Verfärbung des äußeren Gehörganges und an einem schlechten Geruch aus den Ohren zu erkennen.

Gehen Sie mit Ihrer Katze zum Tierarzt, der den Befall behandeln kann.

Flöhe, Zecken und Milben gehören zu den unangenehmen Parasiten, vor denen leider keine Katze sicher ist.
Foto: I. Francias

Impfschema

8. bis 9. Woche	1. Katzenseuche/ Katzenschnupfen
12. Woche	2. Katzenseuche/ Katzenschnupfen
ab 14. Woche	Tollwut
ab 16. Woche	1. Leukose, evtl. 1. FIP
3 Wochen später	2. Leukose, evtl. 2. FIP

Auffrischungen

jährlich	Katzenschnupfen, Tollwut, Leukose
alle 1 bis 2 Jahre	Katzenseuche

Innenparasiten (Endoparasiten)

Innenparasiten dringen in den Organismus ihres Wirtes ein und leben und vermehren sich dort. Manche Parasiten zeigen einen kompizierten Lebenszyklus über mehrer Larvenstadien, die alle einen anderen Zwischenwirt haben. Die häufigsten Innenparasiten bei Katzen sind Würmer, allen voran Band- und Spulwürmer.

Impfung gegen	Erstimpfung	Zweitimpfung	Auffrischung
Katzenseuche	8. Woche	12. Woche	jährlich
Katzenschnupfen	8. Woche	12. Woche	jährlich
Tollwut	12. Woche		jährlich
Leukose	16. Woche	19. Woche	jährlich
FIP	16. Woche	19. Woche	jährlich

Die gesunde Katze

Folgende Werte sind als normal für eine Katze anzusehen:

Temperatur	um 38° C
Puls	um 130 Schläge pro Minute
Atmung	um 25 Züge pro Minute

Foto: A. Hartz

• Bandwürmer

Der Katzenbandwurm ist der häufigste Bandwurm bei Katzen. Er kann die stattliche Länge von über einem halben Meter erreichen! Die Übertragung erfolgt über Mäuse, die sich am Katzenkot, der Bandwurmeier enthielt, infizierten, oder Ihre Katze infiziert sich direkt am Kot anderer Katzen, in dem sich ausgeschiedene Bandwurmglieder (Proglottiden) befinden. Die Proglottiden sind nahe reiskorngroß und können am After der Katze mit dem Auge gesehen werden. Ein Befall wird schnell mit einer Wurmkur unter Kontrolle gebracht, eine Infektion des Menschen ist selten. Gefährdet sind vor allem kleine Kinder, die beim Spielen am Boden mit infiziertem Kot in Berührung kommen.

Wurmkuren

Wenn Sie Ihr Kätzchen nach der zwölften Woche beim Züchter abholen, hat Ihre Katze bereits die ersten Wurmkuren hinter sich und sollte weitestgehend wurmfrei sein. Von nun an entwurmen Sie Ihre Katze, soweit kein akuter Wurmbefall festgstellt wird, der natürlich sofort behandelt werden muss, im Rhythmus von drei Monaten.

• Spulwürmer (Rundwürmer)

Spulwürmer gehören zu den häufigsten Innenparasiten der Katze. Ein Befall kann kaum verhindert werden, denn die Katze kann sich an Mäusen, am Kot infizierter Katzen oder an infiziertem rohen Fleisch anstecken. Für junge Katzen und geschwächte Tiere kann ein übermäßiger Befall lebensbedrohlich werden. Die Würmer sitzen im Dünndarm der Katze und entziehen dem dort antreffenden Nährbrei die Nährstoffe, so dass die Katze nicht mehr genügend für sich hat. Vermehren sich die Würmer übermäßig, können sie auch zu einem Darmverschluss führen. Wird kein akuter Befall festgestellt, genügen die vierteljährlichen Wurmkuren als Prophylaxe aus. Eine Übertragung über den Kot der Katzen auf den Menschen ist möglich. Bei kleinen Kindern ist der Katzenspulwurm der häufigste Wurm! Der Befall ist im Normalfall aber eher unangenehm als gefährlich.

Foto: A. Betz

Gegen viele Infektions-krankheiten können Sie Ihre Katze heute durch eine Impfung schützen.
Foto: Roland Hundsdörfer

Infektionskrankheiten

Alle Krankheiten, die durch Bakterien oder Viren hervorgerufen werden, bezeichnet man als Infektionskrankheiten. Gegen einige gefährliche Krankheitserreger gibt es inzwischen wirksame Impfstoffe. Wenn Sie Ihre Katze regelmäßig impfen lassen, brauchen Sie sich bezüglich dieser Infektion keine Sorgen zu machen. Die häufigsten Krankheiten sollen dennoch der Vollständigkeit wegen aufgeführt werden, auch wenn wirksame Impfungen erhältlich sind.

Übertragung auf den Menschen

Viele Viren, die Krankheiten bei Katzen auslösen, sind Viren ähnlich, die auch beim Menschen gefährliche Krankheiten auslösen. Das Tollwut-Virus ist jedoch das einzige, das von der Katze auf den Menschen übertragbar ist. Unter den bakteriellen Erregern sind die Tuberkulose und die seltenere Pseudotuberkulose die für den Menschen gefährlichsten auch bei Katzen vorkommende Erkrankungen, die aber beide selten geworden sind.

Virusinfektionen
• Aujeszkysche Krankheit

Symptome
Speicheln, Unruhe, Schluck-beschwerden, Appetitmangel, Gewichtsverlust, Juckreiz.

Erreger/Übertragung
Virus in rohem Schweinefleisch.

Krankheitsverlauf/Behandlung
Eine Infektion führt oft innerhalb weniger Tage mit mehr oder weniger starker Ausprägung der genannten Symptome zum Tod. Eine Heilung ist nicht möglich!

Vorbeugung/Impfung
Verfüttern Sie niemals rohes Schweinefleisch! Eine Impfung ist nicht notwendig und der bei Schweinen verwendete Impfstoff für die Behandlung von Katzen nicht zugelassen.

• FIP (Feline infektiöse Peritonitis = infektiöse Bauchfellentzündung)

Symptome

Hohes Fieber, Appetitlosigkeit, Infektion des Bauch- oder Brustfells – aber auch anderer Organe und Blutgefäße, Atemnot, Gewichtsverlust, birnenförmiger Blähbauch (feuchte Form).

Erreger/Übertragung

Wie genau der Erreger, ein Corona Virus, übertragen wird, sich ausbreitet und die Infektion auslöst, ist ungeklärt. Es sind nachweislich mehr Katzen infiziert, als wirklich erkranken. Die Virusstämme scheinen unterschiedlich virulent zu sein, vielleicht steigern sie über die Jahre auch ihre Virulenz im infizierten Tier.

Krankheitsverlauf/Behandlung

Der Krankheitsverlauf ist je nach Art der FIP sehr unterschiedlich. Bei der feuchten Form kommt es zum typischen Bild eines durch Wassereinlagerung birnenförmig aufgetriebenen Bauches und gleichzeitigem Abmagern der Gliedmaßen. Ist auch das Brustfell betroffen kommt es zu starken Atembeschwerden. Die Erkrankung, ist sie denn einmal ausgebrochen, verläuft so gut wie immer tödlich.

Vorbeugung/Impfung

Die Wirksamkeit der verfügbaren Impfung wird derzeit heftig diskutiert. Besprechen Sie sich mit Ihrem Tierarzt.

• FIV („Katzen-[H]IV")

Symptome

Da es sich hierbei wie beim menschlichen HIV um eine allgemeine Schwächung des Immunsystems handelt, sind die Symptome sehr unterschiedlich.

Erreger/Übertragung

Das FIV (Feline Immundefizienz Virus) wird vor allem durch Blut und Speichel übertragen. Hauptinfektionsursache sind Bisse zwischen Katzen.

Krankheitsverlauf/Behandlung

Durch die voranschreitende Schwächung des Immunsystems können sich verschiedene Infektionen ausbreiten, die schließlich zum Tode führen. Eine Heilung ist nicht möglich, es können nur die Folgekrankheiten behandelt werden!

Vorbeugung/Impfung Eine erster Impfstoff wird derzeit in Amerika getestet. Da nur die Ansteckung von Katze zu Katze möglich ist, sollten Sie das Streunen Ihrer Katze unterbinden.

Toxoplasmose

Die Toxoplasmose wird von dem Einzeller *Toxoplasma gondii* hervorgerufen. Eine Infektion des Menschen über den Kot von Katzen ist möglich. Häufiger ist jedoch die Übertragung durch rohes Fleisch. Katzen infizieren sich über Mäuse oder rohes Schweinefleisch. Für Schwangere ist eine Erstinfektion mit dem Erreger gefährlich, da dieser schwere Missbildungen beim Fötus verursachen kann. Da die meisten Menschen aber schon unbemerkt eine Infektion überstanden haben, sind sie auch im Besitz von Antikörpern. Schwangere können dies testen lassen. Haben sie genügend Antikörper, besteht kein Grund, die Katze aus dem Haus zu geben.

• Katzenseuche (Panleukopenie)

Symptome
Zunächst hohes Fieber, starker Durchfall (oft blutig, wässrig) und Erbrechen, Mattigkeit, in der Folge innerliche Austrocknung und Schmerzen

Erreger/Übertragung
Das Virus, es ist dem Provirus ähnlich, das die Parvovirose bei Hunden auslöst, ist sehr widerstandsfähig und leicht übertragbar. Ein direkte Übertragung ist ebenso möglich wie die Ansteckung über Gegenstände, welche die Katze berührt hat.

Krankheitsverlauf/Behandlung
Der Krankheitsverlauf richtet sich stark nach dem Zustand der Katze. Junge Katzen können innerhalb weniger Stunden nach der Infektion sterben, sehr widerstandsfähige Katzen können eine Infektion auch überleben. Typisch ist neben den genannten Symptomen ein starker Rückgang der weißen Blutkörperchen, was Sekundärinfektionen begünstigt.

Vorbeugung/Impfung
Da die Viren so widerstandsfähig sind und sich über Monate auch außerhalb des Organismus halten können, muss jede Katze geimpft werden.

Sorgen Sie besser vor!
Dieser gute Ratschlag ist durchaus ernst gemeint! Eine gute Vorsorge liegt nicht nur im Interesse Ihrer Katze, Sie schützen auch Ihre eigene Gesundheit und nicht zuletzt den eigenen Geldbeutel. Auch wenn nicht jede präventive Maßnahme absolut zuverlässig ist, so kann man doch davon ausgehen, dass der Krankheitsverlauf immer in gemäßigteren Bahnen verläuft.

Ein Ausflug im Schnee ist interessant und macht Spaß. Das dichte Fell schützt die Britisch Kurzhaar vor der Kälte.
Foto: Dr. H. Schaarschmidt

• Leukose (Katzenleukämie)

Symptome

Die Symptomatik richtet sich sehr danach, welche Blutzellen die Viren befallen. Typischerweise führt eine Infektion zu einem Rückgang der Roten oder Weißen oder zu einer starken Vermehrung der Weißen Blutkörperchen. Folglich kommt es zu einer Anämie, einer allgemeinen Immunschwäche oder zu Tumoren.

Erreger/Übertragung

Das Virus gehört zu der Gruppe der Retroviren, ist demnach ein Verwandter der HI- und FI-Viren. Die Übertragung ist allerdings wesentlich einfacher, intensiver Körperkontakt beim gegenseitigen Putzen genügt, da das Virus über jede Körperflüssigkeit ausgeschieden wird.

Krankheitsverlauf/Behandlung

Ist die Krankheit noch nicht ausgebrochen, können immunstärkende Präparate den Ausbruch der Krankheit lange hinauszögern. Immunstarke Katzen können das Virus sogar abwehren und es erkranken letztlich unter 10% der infizierten Tiere. Zwischen der Infektion und dem Ausbruch der Krankheit können mehrere Jahre liegen, in der die Katze die Viren aber schon ausscheiden und andere infizieren kann. Gegen das Virus selbst gibt es kein Mittel, es können nur die Symptome der Folgeerkrankungen behandelt werden.

Vorbeugung/Impfung

Einzig sinnvolle Vorbeugung ist die sichere Impfung.

Lassen Sie Ihre Katze auch dann impfen, wenn sie die Wohnung eigentlich niemals verlässt. Ihre Katze könnte davonlaufen. Sie oder Ihr Besuch bringen gefährliche Krankheitserreger mit in die Wohnung. Foto: A. Betz

• Tollwut
Symptome
Plötzliches aggressives oder sehr zutrauliches Verhalten, starker Speichelfluss und Verlust der Körperkontrolle (Muskelzucken, Gleichgewichtsstörungen)
Erreger/Übertragung
Das Virus wird von Tier zu Tier durch Speichel übertragen. Häufiger Infektionsweg sind Bissverletzungen durch infizierte Wildtiere.
Krankheitsverlauf/Behandlung
Die Viren wandern über die Nervenbahnen ins Gehirn, wo sie sich vermehren, um dann in die Speicheldrüsen zu gehen. Im Gehirn kommt es zu Entzündungen, die die motorischen Ausfälle und die Verhaltensänderungen zu verantworten haben. Bei der „stillen Wut" werden die Tiere sehr anhänglich, bei der „rasenden Wut" tritt eine plötzliche Aggressivität auf. Die Infektion führt immer zum Tod, eine Heilung ist nicht möglich. Verdächtige Tiere werden auf amtstierärztliche Anordnung eingeschläfert, eine sichere Diagnose ist erst nach dem Tod möglich.
Vorbeugung/Impfung
Einzig mögliche, dafür aber auch sichere Vorbeugung ist die regelmäßige Impfung.

Mischinfektionen
• „Katzenschnupfen"
Symptome
Typische Symptome einer Infektion der Atemwege – Niesen, Fieber, Ausfluss –, der Augen und der Schleimhäute am Kopf, was zur Verweigerung der Nahrungsaufnahme führt, wenn die Mundschleimhäute betroffen sind. In schweren Fällen Entzündungen bis in die Bronchien und eitriger Ausfluss, dann auch Atembeschwerden und Husten.
Erreger/Übertragung
Verantwortlich für die Erkrankung sind vor allem Viren, aber es können auch Bakterien an der Infektion beteiligt sein. Der Erreger kann über Schuhe und Hände oder als typische Tröpfcheninfektion übertragen werden. Ansteckungsorte sind vor allem die, wo viele Katzen zusammenkommen wie auf Ausstellungen, im Tierheim, etc.

Foto:
Kerstin. v. Sternstein

Krankheiten merken Sie Ihrer Katze meist zuerst an ihrem veränderten Verhalten an. Auch ein stumpfes, ungepflegtes Fell deutet auf Gesundheitsprobleme hin. Diese blaue Britisch Kurzhaar präsentiert sich bei bester Gesundheit. Foto: Roland Hundsdörfer

Krankheitsverlauf/Behandlung

Der Verlauf ist abhängig von den an der Infektion beteiligten Viren und Bakterien. Von leichten Verläufen, die wirklich nur einem Schnupfen ähneln, kann es zu sehr schweren Infektionen der gesamten Atemwege einschließlich der Lungen kommen. Die Infektion der Gesichtsschleimhäute kann auch zu Geschwüren vor allem im Maul und in den Augen führen. Die Behandlung kann länger dauern, ist aber erfolgversprechend.

Vorbeugung/Impfung

Meiden Sie möglichst Orte, an denen sich viele Ihnen unbekannte Katzen aufhalten. Gegen die gefährlichsten Erreger gibt es Kombinationsimpfungen.

Hautkrankheiten

Veränderungen der Haut können die verschiedensten Ursachen haben. Parasiten wie Flöhe, Milben oder Zecken schädigen die Haut durch ihre Bisse und eventuell auftretende allergische Reaktionen. Die Reaktionen des Immunsystems können dann teilweise recht dramatisch verlaufen. Suchen Sie unbedingt einen Tierarzt auf, der Ihrer Katze mit den richtigen Medikamenten helfen kann.

Viele Hautkrankheiten haben auch bakterielle Ursachen, sind die Folge einer Pilzinfektion oder auch die allergische Reaktion auf ein bestimmtes Futter. Die genaue Diagnose ist schwierig zu stellen und in jedem Fall Sache Ihres Tierarztes.

Die meisten Menschen halten ihre Katze als reines Liebhabertier. Die Katze wird, gleich ob Kätzin oder Kater, nach Erreichen der Geschlechtsreife kastriert – an eine Zucht ist somit nicht zu denken. Andere lassen ihre Katze zwar auch kastrieren, finden jedoch Spaß daran, sie auf den regelmäßig stattfindenden Katzenausstellungen bewerten zu lassen. Da es immer auch eine Gruppe für Kastraten gibt, ist dies kein Problem. Die dritte Gruppe Katzenhalter, die sicher in der Minderheit ist, beginnt mit ihrer Katze zu züchten. Manche halten einen Kater zum Decken, andere halten sich eine unkastrierte Kätzin, lassen sie belegen und ziehen mit ihr Welpen auf. Auch wenn dieser kleine Ratgeber nicht ausführlich auf Zucht und Ausstellung eingeht, so soll Ihnen doch zumindest ein Eindruck vermittelt werden, was auf Sie mit der Entscheidung, Ihre Katze auszustellen oder mit ihr zu züchten, zukommen kann.

Überlegungen vor der Zucht

Es klingt so banal, ist aber dennoch die Sache, die die größten Einschränkungen mit sich bringt, wenn Sie züchten wollen: Sie müssen sich im Zusammenleben mit einer unkastrierten Katze arrangieren. Eine rollige Kätzin stellt keine geringe Belastung dar. In einer Mietswohnung werden Ihre Nachbarn den Lärm sicher nicht lange mitmachen. Es gibt Medikamente, die die Rolligkeit unterdrücken. Diese Hormonpräparate sollten jedoch nicht auf Dauer gegeben werden. Wollen Sie Ihre Katze belegen lassen, sollte diese zumindest eine Rolligkeit nach dem Ende der Pillengabe durchgemacht haben.

Die meisten Katzen werden als reine Hauskatzen gehalten, ohne dass mit ihnen jemals gezüchtet wird.
Foto: I. Francais

57

Vorraussetzungen für die Zucht

Welche Vorraussetzungen Sie zum Züchten erfüllen müssen, hängt sehr davon ab, ob Sie innerhalb eines Vereins züchten oder nicht. Wenn Sie jedoch eine wertvolle Rassekatze mit Abstammungspapiere besitzen, möchten Sie wahrscheinlich auch, dass die Nachkommen diese Papiere erhalten. Das ist aber nur innerhalb eines Vereins möglich.

Vor der Zucht müssen Sie dann neben den Vorschriften, die das Tierschutzgesetz einer Zuchtstätte macht, die Auflagen Ihres Vereins erfüllen. Diese Auflagen betreffen vor allem das Alter und den Gesundheitszustand der Zuchttiere, die maximale Wurfstärke und Anzahl der Würfe pro Jahr, ferner die Größe und Ausstattung der Zuchtstätte.

Erkundigen Sie sich hierzu vor der Zucht genau bei Ihrem Verein, denn die Bestimmungen sind recht unterschiedlich.

Die FIFé

Die FIFé, die Fédération Internationale Féline, ist der größte europäische Dachverband für Rassekatzen. Sie wurde 1949 gegründet und hat ihren gemeldeten Sitz seit 1981 in Genf. Ihr sind weltweit 40 Landesverbände angeschlossen. Der 1. DEKZV e.V., der 1. Deutsche Edelkatzen Züchterverband, ist der deutsche Dachverband.

Auswahl der Zuchttiere

Es gehört schon etwas Fingerspitzengefühl und züchterischer Verstand dazu, den richtigen Zuchtkater für Ihre Katze auszusuchen. Einfach die beiden bestprämierten Katzen einer Rasse zu verpaaren bringt alleine sicher nicht den gewünschten Zuchterfolg. Vielmehr bedarf es schon eines gewissen Grundverständnisses genetischer Zusammenhänge und natürlich auch eines Quäntchens Glück. Wenn Sie das erste Mal züchten wollen, fragen Sie am besten erfahrene Züchter in Ihrem Klub, worauf diese bei der Auswahl eines zu Ihrer Kätzin passenden Zuchtkaters Wert legen würden. Die Auswahl ist groß. Wenn Sie einmal in die einschlägig bekannte Literartur schauen oder häufiger eine Katzenausstellung besuchen, werden Sie bestimmt den passenden Kater finden – wenn Sie wissen, wonach Sie suchen müssen. Die Halter werden von Ihnen einen Preis für die erfolgreiche Belegung fordern.

Geburt und Aufzucht

Die Trächtigkeit einer Katze dauert zwischen knapp sechzig und siebzig Tagen. Kurz vor der Geburt sucht die Katze ein bequemes Plätzchen auf. Bieten Sie ihr eine Wurfkiste an, die Sie weich auskleiden. Die Katze legt sich unmittelbar vor der Geburt dort hinein und beginnt, sich ausgiebig an der Scheide zu lecken. Eine Katze bringt etwa ein bis acht Welpen zur Welt. Jeder Welpe hat im Mutterleib seine eigene Fruchtblase und seine eigene Plazenta. Die Welpen werden im Abstand von wenigen Minuten bis zu etwa einer halben Stunde geboren. Die

Kätzin befreit die Jungen aus der Fruchtblase, sofern diese während der Geburt nicht bereits gerissen ist. Danach leckt sie sie sauber und frisst die Nachgeburt auf. In den folgenden beiden Wochen besteht der Tag der Kätzchen aus schlafen und trinken. Die Kätzin muss nun reichlich hochwertiges Futter bekommen, um genügend Milch produzieren zu können. Besprechen Sie mit Ihrem Tierarzt, welche Nahrungszusätze er darüber hinaus empfiehlt. Vitmine und Mineralstoffe in richtiger Dosierung helfen Mutter und Welpen in dieser anstrengenden Phase. Ab der dritten Woche beginnen Sie mit ersten Zufütterungen. Geben Sie künstliche Welpenmilch und vermengen Sie diese mit etwas Welpenfutter. Mengen Sie täglich etwas mehr Futter darunter, bis die Kleinen etwa in der achten Woche von der Muttermilch entwöhnt werden. Komplikationen bei der Geburt und der Aufzucht kann es immer geben. Manche Katze hat Schwierigkeiten während der Geburt, sie nimmt ihre Jungen nicht an oder hat nicht genügend Milch für alle. Deshalb der dringende Rat, bei der ersten Geburt Ihrer Katze einen erfahrenen Züchter zumindest abrufbereit in Ihrer Nähe zu haben, der bei Komplikationen helfen kann. Natürlich wäre es am besten, er könnte bei der Geburt bei Ihnen sein. Ebenso sollten Sie Ihren Tierarzt über die bevorstehende Geburt informieren. Idealerweise steht er dann auch abrufbereit zur Verfügung.

Wer eine schöne Katze besitzt, möchte sie vielleicht auch einmal auf einer Ausstellung bewerten lassen. Foto: I. Francais

Die Katzenausstellung

An einer Ausstellung kann fast jede Katze teilnehmen. Neben den vom jeweiligen Veranstalter anerkannten Rassekatzen gibt es auf gemischten Ausstellungen meist auch eine Kategorie für Hauskatzen. Auch kastrierte Katzen werden in einer eigenen Gruppe bewertet.

Foto: Dr. Schaarschmidt

Die Katzenausstellung

Ausstellungen, auf denen Rassetiere vorgeführt werden, genießen in der breiten Bevölkerung einen oft eher zweifelhaften Ruf. Häufig fällt es auch nicht schwer, darin einen „Jahrmarkt der Eitelkeiten" zu entdecken. Die Motivation des Austellers sollte es aber nicht sein, mit seiner prächtigen Katze auch gleich sich selbst ins rechte Licht zu rücken. Obgleich natürlich jeder Züchter stolz darauf sein darf, dass seine Arbeit auch die gewünschten Früchte trägt. Eine Ausstellung dient direkt der Rasse, denn hier werden die ausgestellten Katzen mit den Zuchtstandard verglichen und dementsprechend bewertet.

Die Katzenliebe entwickelt sich bei vielen Menschen im Lauf der Zeit – sie wächst. Die wenigsten Züchter oder Aussteller waren von Beginn an mit der gleichen Leidenschaft bei der Sache.
Foto: A. Betz

Wichtiges rund um die Zucht

Die Rolligkeit

Katzen werden zwischen dem fünften und neunten Lebensmonat das erste Mal rollig. Zu dieser Zeit befinden sich befruchtungsfähige Eier im Eierstock der Katze. Die Rolligkeit dauert etwa eine Woche. Der Eisprung wird bei Katzen erst durch den Deckakt ausgelöst. Findet keine Paarung statt, bauen sich die befruchtungsfähigen Eier im Eierstock ab. Die Katze wird nach frühstens drei Wochen erneut rollig.

Der Deckakt

Der Deckakt findet wegen der erwähnten Besonderheiten sinnvollerweise beim Besitzer des Deckkaters statt. Sie bringen Ihre rollige Katze zu dem Züchter, der sie einige Tage bei sich behält. In aller Regel klappt die Belegung, und Sie können Ihre Katze wieder zu sich nach Hause holen. Der Züchter stellt einen Deckschein aus, den Sie bei Ihrem Verein vorlegen müssen. Auch nach erfolgreicher Belegung zeigt die Katze noch einige Tage die typischen Merkmale der Rolligkeit.

Die erste Geburt

Katzen brauchen bei der Geburt selten unsere Hilfe. Dennoch wird die erste Geburt für die Katze und für Sie als Züchter sehr aufregend sein. Am besten vereinbaren Sie mit einem erfahrenen Züchter und em Tierarzt, dass sie bei der Geburt dabei sind. Sollte es zu Komplikationen kommen, können sie mit ihrer Erfahrung bestimmt helfen.

Der Deckkater

Die Haltung eines Deckkaters ist nicht einfach. Unkastrierte Kater markieren ihr Revier und signalisieren ihre Fortpflanzungsbereitschaft, indem sie ihren Urin verspritzen. Dies geschieht etwa ab dem neunten Monat. Der Geruch ist unangenehm. Die Haltung eines unkastrierten Katers ist in den Wohnräumen eigentlich unmöglich.

Die Trächtigkeit

Die Trächtigkeit dauert bei Katzen etwa zwei Monate, maximal zehn Wochen. Die Kätzchen werden im Abstand von etwa einer Viertelstunde mit geschlossenen Augen geboren. Nach etwa zehn Tagen öffnen sich die Augen.

Der Zwingername

Wenn Sie züchten wollen, sollten Sie einem Rassekatzenverein beitreten, der die Abstammungspapiere Ihrer Katze anerkennt. Ideaslerweise ist dies der Verein, der die Ahnentafel ausgestellt hat. Bei Ihrem Verein können Sie dann Ihren Zwingernamen, also der Name, unter dem Sie züchten wollen, eintragen und schützen lassen. Der Zwingername wird auch gleichzeitig der Nachname Ihrer Katzen.

Eine Ausstellung gibt ein gutes Bild darüber ab, in welchem Zustand sich eine Rasse befindet. Züchter finden hier geeignete Zuchtpartner für ihre Katzen, künftige Halter können Kontakte zu Züchtern und Vereinen knüpfen und wertvolle Informationen mit nach Hause nehmen. Voraussetzung für die Teilnahme an einer Ausstellung ist es, dass Sie Mitglied in einem Verein sind und die Abstammungspapiere vom Organisator der Ausstellung anerkannt werden. Ferner müssen Sie Ihre Katze bis zum genannten Meldeschluss der Ausstellung angemeldet und die Anmeldegebühr entrichtet haben. Am Ausstellungstag muss Ihre Katze gesund sein und den vollen Impfschutz besitzen, sonst dürfen Sie mit ihr nicht auf das Ausstellungsgelände.

Die Katzen werden in verschiedenen Gruppen beurteilt, die sich in erster Linie nach der Rasse richten. Das Urteil des Richters über Ihre Katze kann natürlich von Ihren Vorstellungen abweichen, muss aber akzeptiert werden. Letztlich liegt die Bewertung trotz der objektiven Standards, die es für jede Rasse gibt, teilweise noch im Ermessen des Richters. Seien Sie nicht unglücklich, wenn Ihre Katze nicht als Sieger die Ausstellungshalle verlässt. Die Konkurrenz ist groß und vielleicht bewertet ein anderer Richter Ihre Katze auch positiver. Egal wie das Ergebnis auch sein wird, Ihre Katze bleibt bestimmt auch danach Ihr Liebling – und das ist auch das Wichtigste.

Wichtige Adressen

World Cat Federation e.V.
Geisbergstr. 2
45139 Essen
www.wcf-online.de

1. DEKZV e. V.
Berliner Str. 13
35614 Asslar
www.dekzv.de

Interessengemeinschaft
Britisch und Europäisch Kurzhaar
www.briten-news.de

Interessengemeinschaft
Kartäuser (Chartreux/Certosino)
www.kartaeuser.net

Interessengemeinschaft
Russisch Blau
www.ig-russisch-blau.de

Hinweis:
Der Verlag ist nicht verantwortlich für den Inhalt von Links.

Die Hauptsache bei der Katzenhaltung ist, dass Sie und Ihre Katze glücklich sind. Ob Sie züchten oder ausstellen wollen, ist allein Ihre Entscheidung. Foto: Kerstin v. Sternstein

Register

Die Welt der Katzen

Hier können Katzenfreunde aus hundert verschiedenen, teils sehr unerwarteten Blickwinkeln die Welt so kennen lernen, wie die Katze sie sieht und versteht.

Die Sprache der Katzen.

Mimik, Laute, Körpersignale. Roger Tabor. 2006. 144 S., 245 Farbf., 7 Farbzeichn., geb. ISBN 978-3-8001-4927-8.

Spiel und Spaß mit Katzen.

L. Hüsemann. 2009. 128 S., 94 Farbf., Klappenbroschur. ISBN 978-3-8001-5913-0.

KatzenZeit.

Samtpfoten erleben und verstehen. A. Juritsch. 2009. 94 S., 50 Farbf., Klappenbroschur. ISBN 978-3-8001-5769-3.

232 x Katze.

Sie fragen – wir antworten. K. Schneider. 2008. 191 S., 36 Zeichn., kart. ISBN 978-3-8001-5750-1.

 www.ulmer.de